臺灣惡地誌

見證臺灣造山運動與四百年淺山文明生態史

BADLANDS IN TAIWAN

蘇淑娟、梁舒婷、吳依璇、劉閎逸、柯伶樺、邱峋文、黃惠敏——著

目錄

Contents

約莫六百多萬年前，臺灣島因造山運動抬升隆起。西南部隨著板塊擠壓，快速上升到了陸地。肆無忌憚的水與風，在此雕鏤出險惡崎嶇、破碎荒涼的景觀，草木難生，我們以惡地名之。島嶼上較為明顯的惡地有三處，在短短一百多公里內，見證了既複雜又脆弱的大地故事。

Part III

文明的碰撞

四百多年來，島嶼西南跨海而來的外地人持續移入、平埔族向山區遷徙、漢族大舉移墾，淺山惡地族群隨之遷流。隱身在山凹林蔭間的水塘群，彷如惡地中點點微光，無聲地映照著日夜上演的生機。

Part IV

活的地景與常民生活

二仁溪的涓涓溪流，俐落地切割河兩岸。沿著河道，農民辛勤地種植作物。惡地農業、畜牧業、傳統產業等，在蜿蜒曲流與迂迴山路間默默自足活動著，時間似乎凝結，保留至今形成某種古典的氛圍與美感。

Part V

刺竹林帶的生物群像——失落與再發現

童山濯濯的泥岩惡地與遍野的刺竹，生人難近，卻讓生息於此的動、植物得以綿延至今。春雨帶動萬物復甦，彩竹時節過後，竹林下小巧的鬼蘭靜靜綻放，淺水邊與厚圓澤蟹鬥智的食蟹獴、鑿地挖洞的穿山甲與翱翔荒野間的東方草鴞……惡地是被遺忘的桃花源。

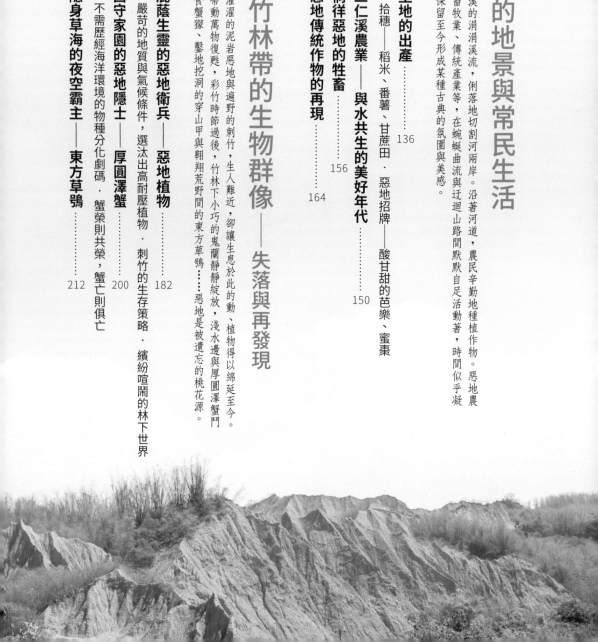

Part VI

狼煙與轉機

灰白色泥岩覆蓋的崎嶇惡地，危機四伏，高汙染開發案紛紛找上了這裡。然而，惡地長久以來已建立了自我生存之道，就像造山運動，不斷地碰撞、擠壓、抬升，同時隨順自然侵蝕、變動、消長。在二仁溪曲流溫柔的環抱下，堅強地承擔一切考驗。

推薦序

惡地譜出臺灣不可或缺的地方誌

林俊全｜臺灣大學地理環境資源學系特聘教授
臺灣地質公園學會理事長

惡地（badland），原來是由地形名詞翻譯而來，主要是指泥岩因為受到雨水侵蝕，沖蝕溝發育，形成不毛之地的現象。可以想見，這樣的地質、地形特性，對生活在這裡的居民而言是相當挑戰的；土地不易利用，加上旱季缺水等自然環境的限制，艱困情況可見一斑。因此，先民在這塊土地上得以生存安居的智慧，常變成一篇篇可歌可泣的故事。《臺灣惡地誌》把這些故事的來龍去脈，清楚的闡述出來。

如果深入瞭解泥岩惡地的地形特徵，可以印證其擁有地景多樣性的原因。泥岩惡地主要因為其土質鬆軟、膠結不佳，所以非常容易受到雨水沖蝕，形成在泥岩地區頗具特色的諸多地景，例如發達的沖蝕溝、紋溝等等；此外，在月世界地區，從山頂上可以看到礫石層堆積，有二仁溪古河道流過的蹤跡；另外值得關注的還有泥火山、曲流、天然橋等地形，這些都成了今日泥岩惡地的自然地景資源，在書中有很好的注解。

地誌通常意味著一地的風土民情與各項地質、地形、生態、文化資產等特徵的說

明，本書對上述各點，有深入敘述。在這惡地地形區，初看是青灰色一片的不毛之地，加上許多沖蝕現象，刺竹雜亂而生，形成一般人認為的典型惡地印象，但從歷史地圖、地質圖、古照片中，看到這裡有豐富的人文活動，也衍生許多惡地文化，包括了總舖師的廚藝傳統以及各種地方產業等。「環境是限制，也是解藥」——本書應證了這樣的特質，這為惡地做了最好的詮釋。

歷史的發展是另外一段生動的故事。書中可以看到各個族群移動的足跡，先民逐水草的辛酸。尤其是平埔族與漢人的開發過程，以及外國人來臺與當地互動所留下的許多珍貴照片，讓我們瞭解過去歷史上一些片毛鱗爪；同時可以想見，生活在這片土地上的人們所面臨的許多與土地競爭有關的壓力。

發生於清康熙六十年（一七二一）、三百多年前的朱一貴事件，是當地最引人入勝的傳奇故事。從那之後，不斷的開發、漢人聚落耕墾，惡地的宗教活動與祭祀活動，慢慢形成地方獨具特色的信仰文化。族群發展史形塑的特色，是地方誌不可或缺的一章。本書有很好的資料佐證與詮釋。

二仁溪貫穿惡地，帶來的水患常讓看天吃飯的先民，有難以言說的苦楚。然而二仁溪的淹水問題，讓該地居民累積出許多洪水災害的經驗，溪旁房舍甚至標示著不同高度的洪水位，衍生出調適洪水與泥沙淤積的能力。

攝影：許震唐

每年十月開始的旱季，影響本區的各項農業發展，也說明水資源缺乏；因此利用地形發展出許多節水、儲水的水塘，相當具有地方特色與故事性。乾季、雨季所造成的影響，正隨著氣候的極端變遷，弱化泥岩地區抵抗沖刷的能力；而泥沙的生成與侵蝕，也是造成地形變遷的重要原因。人們利用大自然的挑戰，將愈來愈嚴峻。

泥岩惡地區的生態環境大不同，因此像是竹編、黃麻等因應自然環境的產物，成為當地謀生的工具。這些從過去到現在的經濟活動故事，乃至於農林作物的生長背景，書中都有精采描述。

作者群努力把泥岩的背景，以及相關的作用與影響，做了完整的陳述，相信這是地方誌很好的出發點，讀者可以依循作者們的引導，深入瞭解泥岩地區的地理、地形、地質、生態環境與在地文化特性。

從在地到全球視野，本書透過地質地形與世界其他泥岩區的介紹，做出比較與說明；而人文生態的故事，更豐富了我們對泥岩惡地的瞭解。整體而言，《臺灣惡地誌》的出版，體現了泥岩惡地如何實踐全球地質公園的四大精神，讓臺灣的地質公園再次被看到，更是國內瞭解泥岩地區發展故事的絕佳作品。

Part 1

導論：惡地求生

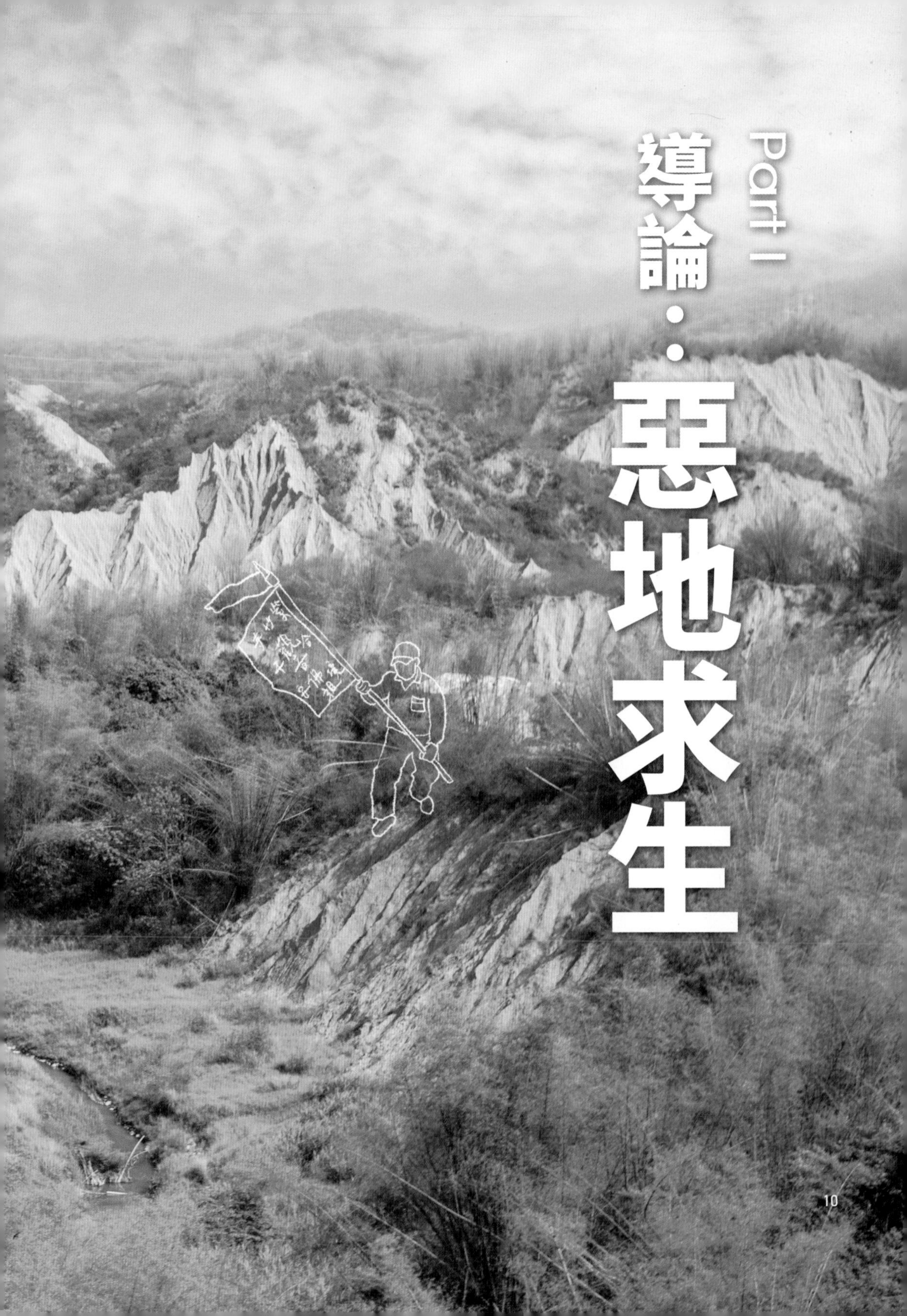

領著人們進入高雄內山地帶的臺二十八線，貫穿北高雄，一路通往旗山、美濃，途中會經過一片綿延起伏、尖銳陡峭的裸露丘陵，彷若巨龍盤天而去，異世界般的景象衝擊著視覺。這裡是田寮，人們稱為「月世界」的所在。鋸齒狀的尖刻山景與四周刺竹林形成某種冷冽、如夢似幻的感受。

撰文／蘇淑娟　攝影／梁偉樂

什麼是惡地？惡地在何處？
科學與人文的意涵與指涉

俗稱月世界的地景常被稱為惡地，惡地直接取名自英文 badland 這個字，意指地表極易受到水流侵蝕，形成無數深刻的蝕溝（gully）及細小的紋溝（rill），崎嶇難以行走，草木難生，不利農業生產，因此，經濟活動受限，聚落規模不易擴大，故有惡地之稱。[1]

惡地因岩層或底岩之別，可分為礫岩為主的礫岩惡地和泥岩為本的泥岩惡地，前者如苗栗三義火炎山、南投臺中間的九九峰、高雄六龜十八羅漢山等；後者有分布於臺南高雄之間由丘陵緩降到平原間的古亭坑泥岩層、臺東利吉的利吉混同層泥岩、恆春半島的墾丁混同層泥岩、屏東萬丹與新園間的鯉魚山泥火山區域等。礫岩與泥岩的惡地組成不同，然共同特徵是岩層顆粒膠結不良，易受侵蝕，地形變遷快速且顯著。有趣的是，同為泥岩惡地的臺東利吉和臺南高雄惡地有地球科學上的差異，前者主要為混同層組成，而臺南高雄的泥岩惡地

泥岩惡地最明顯的地形特徵是密布的侵蝕溝 攝影：梁偉樂

臺灣地質圖

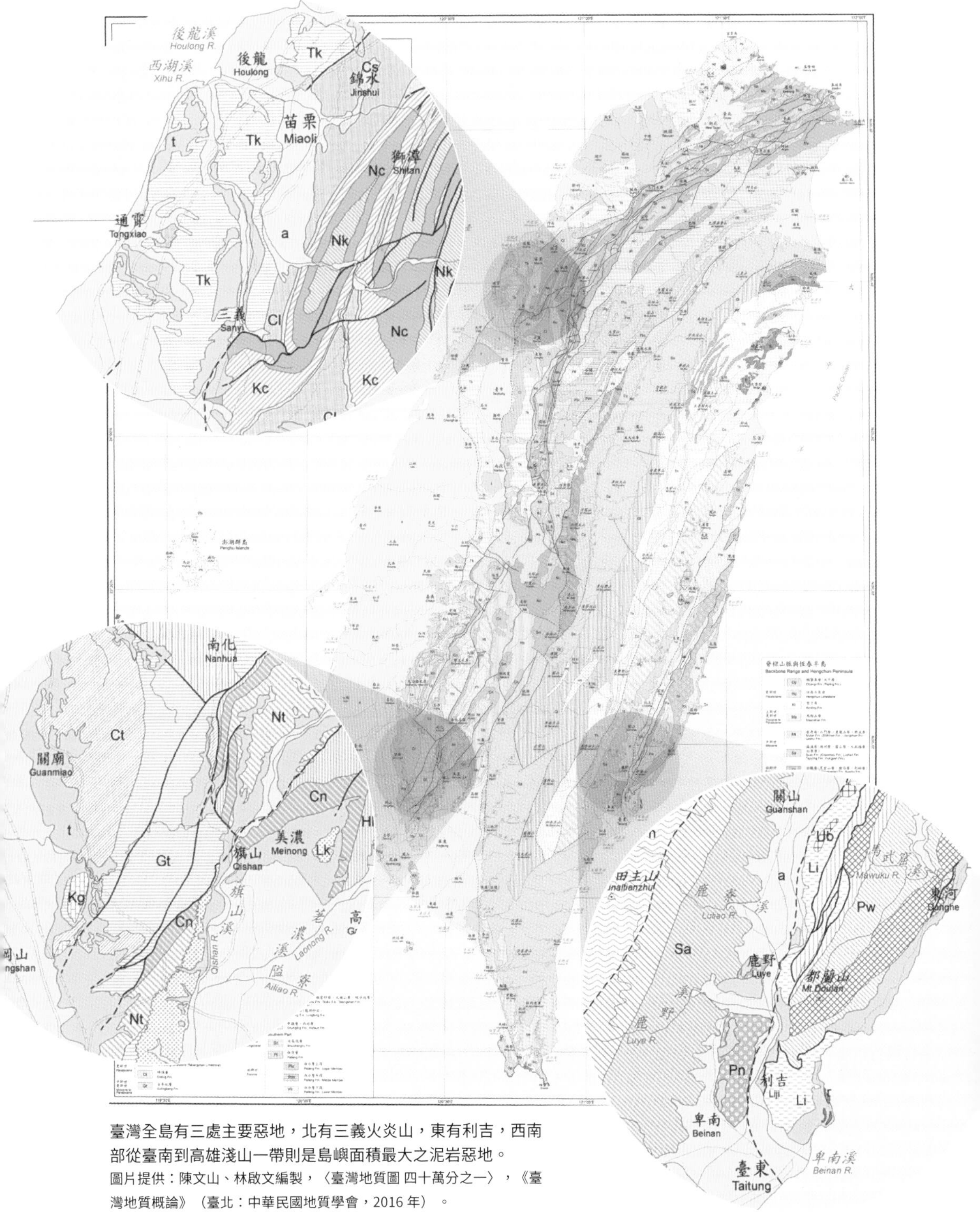

臺灣全島有三處主要惡地，北有三義火炎山，東有利吉，西南部從臺南到高雄淺山一帶則是島嶼面積最大之泥岩惡地。

圖片提供：陳文山、林啟文編製，〈臺灣地質圖 四十萬分之一〉，《臺灣地質概論》（臺北：中華民國地質學會，2016 年）。

則主要為海相沉積岩層的青灰泥岩，地方居民或稱之為白崩坪。這些惡地分別代表臺灣地質形成的不同時期與不同作用。[2]

位處臺南、高雄一帶的惡地面積最為遼闊，北起臺南玉井、南化、左鎮和龍崎，南至高雄內門、田寮、旗山和燕巢，南北長約三十五公里，東西寬約八公里，範圍大約一〇一四平方公里。[3]此區域以厚層泥岩古亭坑層為主。由於泥岩遇雨會變得軟黏，易被侵蝕，植被和作物生長不易；非雨季的時候，又會被曬得堅硬且易龜裂，因此常見尖銳裸露的地形地貌。

月世界泥岩惡地是 2013 年票選出的臺灣十大地景之一　攝影：梁舒婷

放眼全球，惡地在不同的地理、歷史與技術階段的社會有著差異的利用與印象，顯示不同的文化、經濟以及社會的差異視野。過去臺灣惡地給人的一般印象為邊陲之地，生活其上的人們在險惡的環境中胼手胝足創造生機，惡地因之長出生命與生活的果實。猶如日本學者暨交通環境規劃的老兵佐佐木綱的《景觀十年 風景百年 風土千年》[4]的論述一般，人類文明的演進已然在惡地紮下文化的根，任由惡地的風、土、水、空氣、氣溫所創造的環境，去型塑人們體會、理解景觀與風景的五感與六識，進而在以人為本的環境中創造出地方的精神與風土，體現在物質世界。

交通運輸技術有限的年代，從臺南地區沿著泥岩惡地丘陵進出高雄的內門、旗山、美濃等地，曾是主要的經濟生活互通有無之路徑，迫於物資需求而須克服的交通困境則寫下惡地求生的篇章。然而，脫離交通困境的今日，地景賞析成為生活的一部分，地景的觀看與悠遊的美學促使二〇一三年行政院農業委員會林務局舉辦「臺灣十大地景」票選，結果「月世界泥岩惡地」位居全國第六名，是旅遊推薦必訪的景區。

惡地，雖然有著歷史的惡名，今日莫不成為人類社會珍惜的地球歷史以及共同的襲產。例如美國南達科他州的惡地國家公園（Badlands National Park）不僅擁有豐富的自然生態，更是暗空旅遊的重鎮，集觀光休閒、科學研究與教育於一地，生活其中的居民則以畜牧與自然的生活方式為榮。西班牙的拉斯梅德拉斯惡地（西班牙語 Las Médulas），因歷史上開採金礦而成為今日的產業襲產；加拿大的德蘭赫勒惡地（Drumheller）與阿根廷的伊沙瓜拉斯托惡地（西班牙語 Ischigualasto），則都因恐龍化石遺跡，成為聞名的世界自然襲產。

臺灣的地理學家石再添教授曾以一首〈我故鄉—中華臺灣〉的詩詞，頌揚臺灣土地，詩中的「月世界觀光」、「滾水噴泥坪」、「燕巢萬雨溝」、「劣地放山羊」，不但從地形學角度形容泥岩惡地的特色，也提供熟悉在地生活者一個廣泛連結自身生活與環境的機會，更提供生活者體認生活所浸潤的風土之途徑，正如佐佐木綱從景觀、風景到風土的論述一般，提供深化體認泥岩惡地的地形與環境、生活者在土地上營生的現實，以及環境的價值與多種可能。在追求差異和尋覓特色的當代，惡地也是都會生活者覺察環境以及以自然進行療癒的機會窗口。

地理學家石再添教授（1931~2014）曾以〈我故鄉—中華臺灣〉頌揚臺灣土地

原始圖片提供：石同生

不毛之境卻擁有歷史的兩種豐富

臺灣西南部這一大片極度不毛的邊寂之地，何以在荒煙蔓草、似無所用的地貌之下，特別要被指認出其重要性？因為這裡擁有歷史的兩種豐富。一種是地球科學史的豐富，是環境的，是曾經被治理者寄予厚望的興業探勘之所；一種是人文史及其所造就的豐富，是人的遷流，是自十八世紀清末朱一貴事件以降，不毛之地如何轉為聚眾、練兵、惡地營生的在地傳奇，以及人如何與自然環境共生而創造的豐富。

以厚層泥岩為主的古亭坑層，見證了臺灣六百多萬年以來造山運動的前後結構相。島嶼在歐亞板塊與菲律賓海板塊之間碰撞、擠壓、抬升，從海相到陸相，過程被惡地刻鏤了下來。此外，自日治初期導入具有現代科學技術的地質調查以來，此處一直都是熱門的地質地形與鑛產探究之研究區。

一八九五年起始，因應殖民治理需要，一波波日籍學者來到臺灣，針對島內的地質鑛物展開調查。一八九七年七月，地質與鑛產探查工作者石井八萬次郎出版了他與鑛務課同仁共同編製的八十萬分之一的〈臺灣島地質鑛產圖〉，是第一幅臺灣全島地質鑛產圖，有助於總督府的殖民經濟開發，也奠定臺灣島的地質調查基礎。[5] 而在諸多日籍學者的汲汲探勘下，臺南到高雄的泥岩惡地一帶，曾經是想像黑金的所在。

一九〇八年七月十一日，臺灣日日新報漢語版記載，滾水坪庄有燃質瓦斯，在平野中有小丘突起，丘上有泥火山彙，其中最大者周圍六、七十間，高約四、五間（一間約一八〇公分），其高大為我邦第一。

一九一九年，日本通過了《史蹟名勝天然紀念物保存法》；直至一九三〇年，臺灣總督府終於公告《史

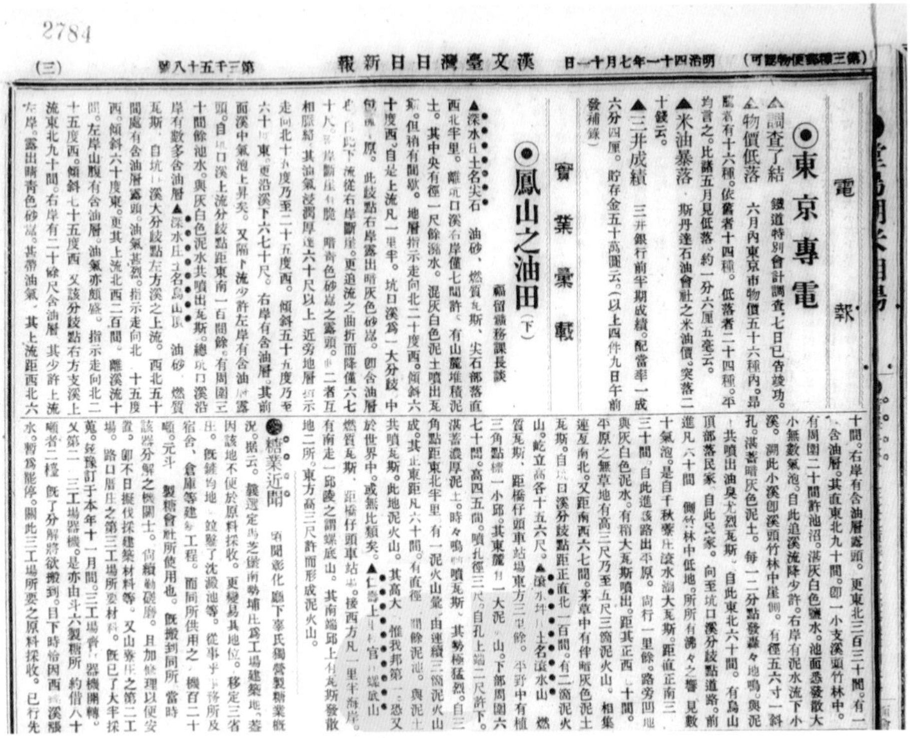
2784
(第三種郵便物認可) 明治四十一年七月十一日 漢文臺灣日日新報 第三千五十八號 (三)

電報

◉東京專電

△調查了結　鐵道特別會計調查。七日已告竣功。

△物價低落　六月內東京市物價五十六種內。昂騰者有十六種。依舊者十四種。低落者二十四種。平均言之。比諸五月見低落。約一分六厘五毫云。

▲米油暴落　斯丹達石油會社之米油價。突落二十錢云。

▲三井成績　三井銀行前半期成績。配當率一成六分四厘。貯存金五十萬圓云。（以上四件九日午前發補錄）

實業彙載

◉鳳山之油田（下）　福留鑛務課長談

▲深水庄土名尖石　油砂、燃質瓦斯、尖石部落直西北半里。離坑口溪右岸僅七間許。有山麓堆積泥土。其中央有徑一尺餘溜水。混灰白色泥土噴出瓦斯。但稍有間歇。地層指示走向北二十度西。傾斜六十度西。自是上流凡一里半。坑口溪爲一大分歧。中包[illegible]原。此歧點右岸露出暗灰色砂岩。仰含油層。自此下流從右岸斷崖。更追流之曲折而降僅六七十[illegible]。[illegible]岸斷崖有脆[illegible]暗青色砂岩之露頭。此二者互相聯絡。其油氣浸潤厚達六十尺以上。近旁地層指示走向北十九度乃至二十五度西。傾斜五十五度乃至六十[illegible]東。更沿溪下六七十尺。右岸有含油層。其前面溪中氣泡上昇矣。又隔下流少許左岸有含油層露頭。自坑口溪上流分歧點距東南一百間餘。有周圍三十間餘池水。與灰白色泥水共噴出瓦斯。總坑口溪沿岸有數多含油層▲深水庄土名鳥山頂　油砂、燃質瓦斯。自坑口溪大分歧點左方溪之上流。西北五十間處有含油層露頭。油氣甚烈。指示走向北十五度西。傾斜六十度東。更其上流北西二百間。離溪流十間。左岸山腹有含油層。油氣亦頗盛。指示走向北二十五度西。傾斜七十五度西　又該分歧點右方支溪上流東北九十間。右岸有二十餘尺含油層　其少許上流左岸。露出晴青色砂岩。甚帶油氣。其上流距西北六十間。右岸有含油層露頭。更東北三百三十間。有一[illegible]含油層。其直東北九十間。即一小支溪頭竹林中。有周圍二十間許池沼。滿灰白色鹽水。池面悉發散大小無數氣泡。自此追溪流降少許。右岸有泥水流下小溪。溯此小溪即溪頭竹林中崖側。有徑五六寸一斜孔。滿蓄暗灰色泥土。每一二分點發轟々地鳴。與泥[illegible]共噴出油臭尤烈瓦斯。自此東北六十間。有鳥山頂部落民家。自此民家。向至坑口溪分歧點道路。前進凡六十間　側竹林中低地。所所有沸々之響　見數十氣泡。是自千秋寮庄滾水溯大瓦斯。距直正南三三十間。自此進該路出平原。尚行一里餘。路旁凹地與灰白色泥水。有稍大瓦斯噴出。距其正西[illegible]十間。相集平原之無草地有高三尺乃至五尺三個泥火山。連亙南北。又距南西六七間。茅草中有伴暗灰色泥土瓦斯。自坑口溪分歧點距正直北一百間。有二個泥火山。屹立高各十五六尺。▲滾水坪土名滾水山　燃質瓦斯、距橋仔頭車站場東方三里餘。平野中有植三角點標一小邱。其東麓有一大泥[illegible]山。下部周圍六七十間。高四五間。噴孔徑三尺。自孔上端二尺許下。漲蓄濃厚泥土。時々鳴動噴瓦斯。其勢極猛烈。自三角點距東北半里。有一泥火山彙。由連續三個泥火山成。其正東距凡六十間。有直徑[illegible]間餘泥池。與泥土共噴瓦斯。此地泥火山。其高大。惟我邦第一。恐又於世界中。或無比類矣。▲仁壽上里[illegible]官[illegible]螺底山　燃質瓦斯、距橋仔頭車站[illegible]。接西方凡一里半海岸。有南走一邱陵之謂螺底山。其南端邱上有瓦斯發散地二所。東方高三尺許而形成泥火山。

◉糖業近聞　頃聞彰化廳下辜氏獨營製糖業概況。據云。業選定鳥芝鐵南勢埔庄爲工場建築地。蓋因該地不便於原料採收。更變易其地位。移定三省庄。既鏟均地。竝鑿了沈澱池等。從事乎事務所及宿舍、倉庫等建築工程。而同所供用之機百二十噸。元斗[illegible]製糖會社所使用也。既搬到同所。當時該器分解之機關士。尚縱動礎磨。且加修理以便安置。即不日擬伐採建築材料等。又山寮庄之第二工場。路口厝庄之第三工場所要材料。既已了大半採蒐。豫訂于本年十一月間。三工場齊[illegible]器機開轉。又第二三工場器機。是亦由斗六製糖所約借八十噸者二檯。既了分解將欲搬到。目下時恰因西[illegible]溪漲水。暫爲能停。關此三工場所要之原料採收。已行先

1908 年 7 月 11 日，臺灣日日新報漢語版記載之滾水坪等泥火山瓦斯噴發報導。 資料來源：國立臺灣圖書館

蹟名勝天然紀念物保存法》後，一九三三年十一月在臺北帝國大學地質學講座教授早坂一郎的推薦下，泥火山公告為天然紀念物。據早坂一郎的調查指出，這種非火山性的泥火山在地質構造及石油地質上甚受重視。[6]

一九三〇年到一九三三年間，鳥居敬造進行地質調查，陸續完成了《臺南州新化油田調查報告》、《高雄州旗山油田調查報告》，以及許多依據臺灣總督府臨時臺灣土地調查局製作之《二萬分一堡圖》為基礎，進行實測修正的《三萬分一油田地質圖》，由臺灣總督府殖產局出版；鳥居敬造在這些調查過程中紀錄下諸多地景影像，包括泥火山近影。一九五〇年代，中油曾在這裡探勘油氣，黑金雖未能真正發亮，此處卻疊積出地球科學歷史的重要場景，以及它曾經如何被科學與實業所拓荒及期待。

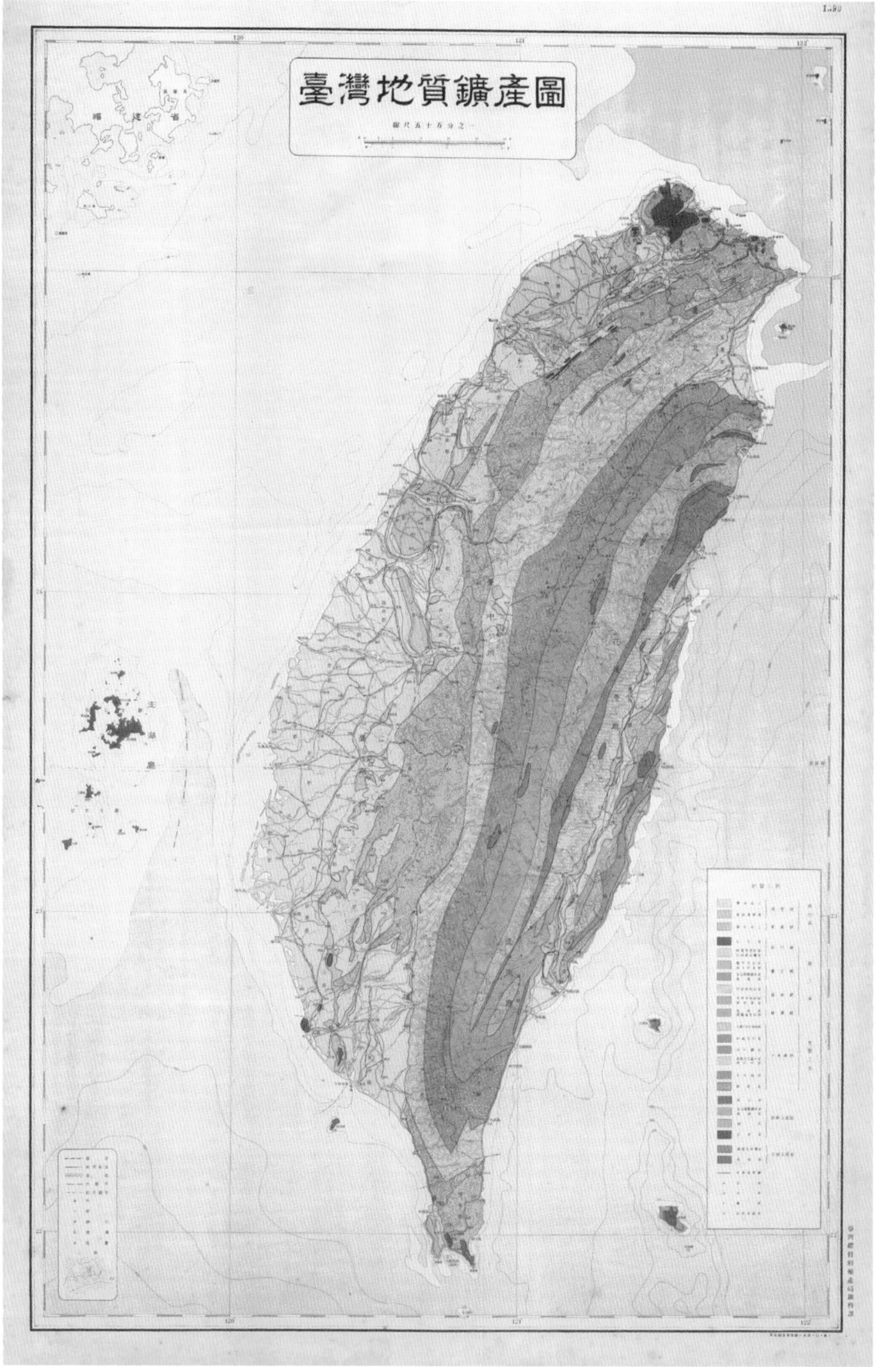

作者：橫光吉規 ; 市川雄一 ; 高橋春吉 ; 濱本勝己 ; 朝日藤太夫
出版年：1926
刊名出處：臺灣總督府殖產局縮尺五十萬分之一地質圖
資料來源：經濟部中央地質調查所

臺灣油田調查報告

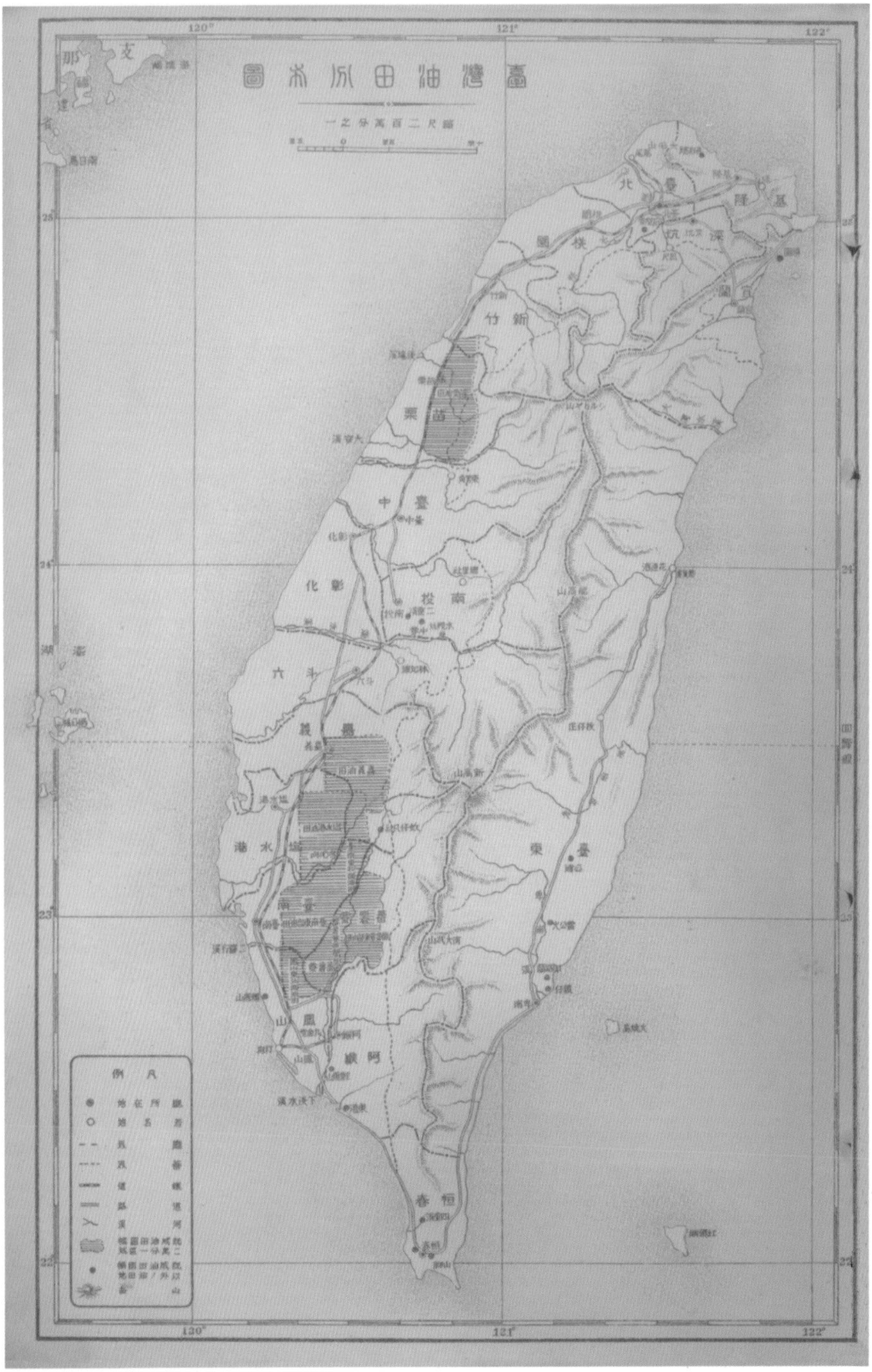

圖中紅色橫線部分表示既成油田圖幅二萬分之一區域，黑點則是既成油田圖幅以外的油田。

作者：福留喜之助（Fukutome, Kinosuke）
出版年：1910
刊名出處：臺灣總督府民政部殖產局
石油探勘日治時代珍藏文獻
資料來源：經濟部中央地質調查所

旗山油田地質圖

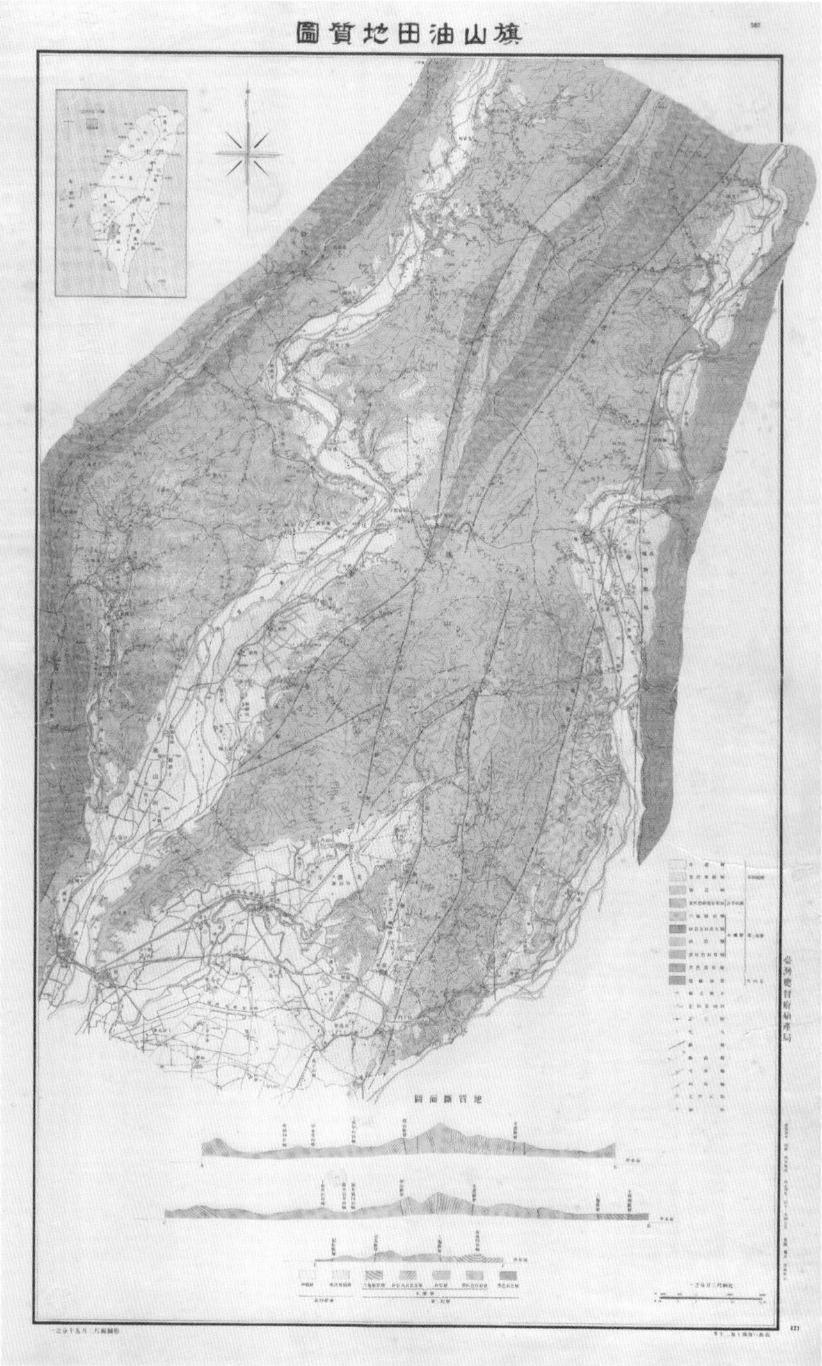

作者：鳥居敬造 ; Torii, Keizo; Torii, K.; 本間右京 ; 淺岡隼太
出版年：1933
刊名出處：臺灣總督府殖產局縮尺三萬分之一地質圖
資料來源：經濟部中央地質調查所

新化油田地質圖

古亭坑層最早在一九三三年由鳥居敬造命名，屬於第三紀岩層，在當時紀錄屬於青灰色砂質頁岩層，部分被第四紀地層所覆蓋，如臺地堆積層與沖積層，其厚度約有一八〇〇公尺，在鳥居調查紀錄的新化油田與旗山油田範圍內都有分布，以裸露惡地方式出露。

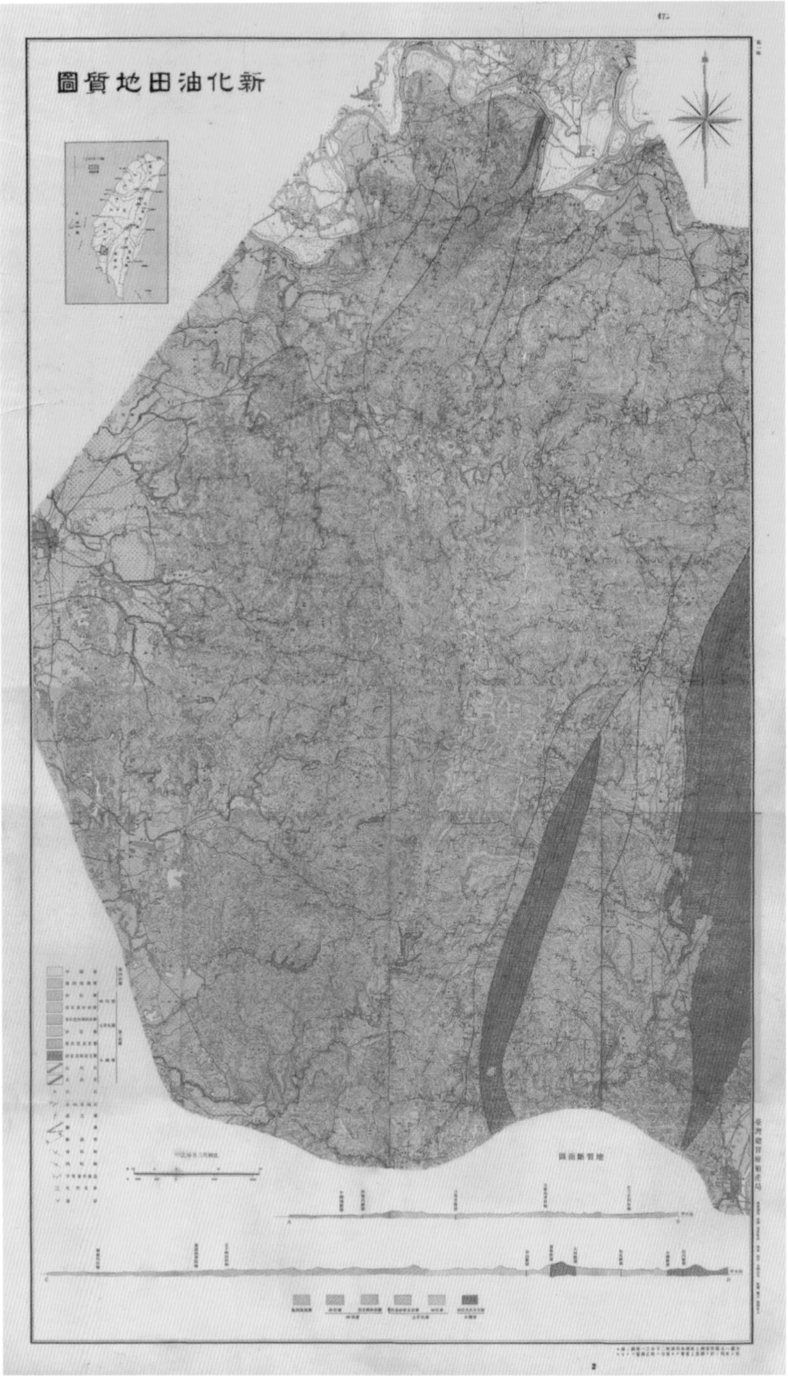

作者：鳥居敬造；Torii, Keizo; Torii, K.; 本間右京；Honma, Ukyo
出版年：1932
刊名出處：臺灣總督府殖產局縮尺三萬分之一地質圖
資料來源：經濟部中央地質調查所

同上全景

惡地地形

（臺南州新豐郡龍崎庄番社字烏山頭）

小泥火山

（臺南州新化郡左鎮庄草山）

應菜龍斷層

（高雄州旗山郡田寮庄應菜龍）

刊名出處：《臺南州新化油田調查報告》附圖

作者：鳥居敬造 ; Torii, Keizo; Torii, K.; 本間右京 ; Honma, Ukyo

出版年：1932

資料來源：經濟部中央地質調查所

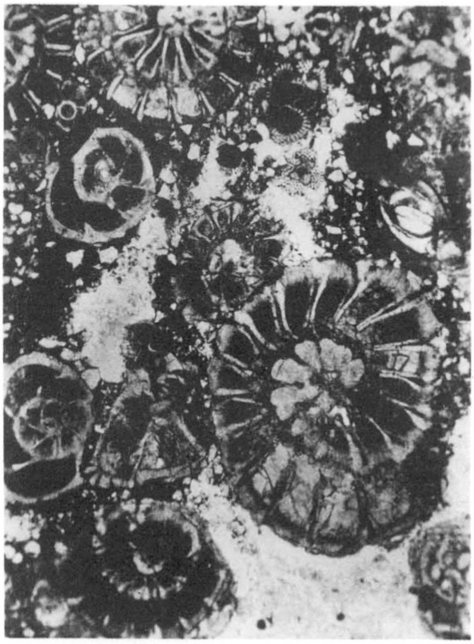

黑灰色頁岩層中に挾在せる砂岩薄層の有孔虫化石(×19)
(高雄州旗山郡甲仙庄滴水崁溪)

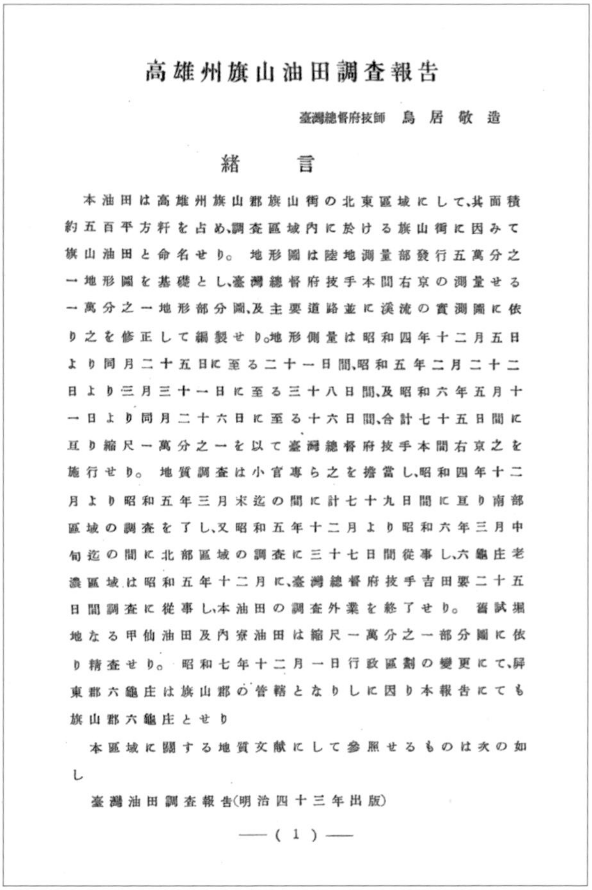

高雄州旗山油田調査報告

臺灣總督府技師　鳥　居　敬　造

緒　　言

本油田は高雄州旗山郡旗山街の北東區域にして、其面積約五百平方粁を占め、調查區域內に於ける旗山街に因みて旗山油田と命名せり。地形圖は陸地測量部發行五萬分之一地形圖を基礎とし、臺灣總督府技手本間右京の測量せる一萬分之一地形部分圖、及主要道路並に溪流の實測圖に依り之を修正して編製せり。地形側量は昭和四年十二月五日より同月二十五日に至る二十一日間、昭和五年二月二十二日より三月三十一日に至る三十八日間、及昭和六年五月十一日より同月二十六日に至る十六日間、合計七十五日間に亘り縮尺一萬分之一を以て臺灣總督府技手本間右京之を施行せり。地質調查は小官專ら之を擔當し、昭和四年十二月より昭和五年三月末迄の間に計七十九日間に亘り南部區域の調查を了し、又昭和五年十二月より昭和六年三月中旬迄の間に北部區域の調查に三十七日間從事し、六龜庄老濃區域は昭和五年十二月に、臺灣總督府技手吉田要二十五日間調查に從事し、本油田の調查外業を終了せり。舊試掘地なる甲仙油田及內寮油田は縮尺一萬分之一部分圖に依り精查せり。昭和七年十二月一日行政區劃の變更にて、屏東郡六龜庄は旗山郡の管轄となりしに因り本報告にても旗山郡六龜庄とせり

本區域に關する地質文獻にして參照せるものは次の如し

臺灣油田調查報告(明治四十三年出版)

—— (1) ——

刊名出處：《高雄州旗山油田調查報告》
作者：鳥居敬造 ; Torii, Keizo; Torii, K.; 本間右京 ; Honma, Ukyo
出版年：1933
資料來源：經濟部中央地質調查所

西南泥岩惡地並非全然純粹的青灰泥岩，在地球歷史的沉積過程中，間有砂岩、生物、珊瑚礁（石灰岩）夾雜或互層，加上斷層作用或其他構造應力作用的擠壓與張裂拉扯之下，遂形成特殊的砂岩透鏡體。砂岩透鏡體存在泥岩區域而成為壓扭性的構造破碎帶，常常是賦存礦體、油氣、水體之處，例如今日泥岩區域的民生水井或自然水體，即為突破本泥岩區域不存在含水層的明證。

如此資源豐富的地質環境，在臺灣社會普遍缺乏地球科學視野與地理環境認知之下，長久被遺忘；然而，若將地質環境條件的意義翻轉到其如何型塑或影響社會、文化、經濟、歷史的發展，泥岩惡地人文層面的豐富，可一一展開。

清末以降，泥岩區域數次「民變」或社會擾動顯示的地方社會與官民關係，或

宋江陣自三百多年前流傳至今，成為重要歷史襲產。 圖片提供：林文彥

許可點出泥岩地區做為歷史上的邊陲地帶之社會、經濟與政治特質；而其社會關係之空間範疇與連結，也可從民變的路線脈絡與聚落環境發展，一窺泥岩惡地環境提供社會擾動的條件，例如，內門紫竹寺的義民祠木碑可提供探究清道光期間民變的社會空間。為什麼民變集中在泥岩惡地區域？因為惡地天高皇帝更遠、因為惡地環境生活不易、因為邊陲易於集結力量。此地環境惡劣，統治者鞭長莫及，避難者、謀劃叛變者、或持另類正義觀點者，皆不易招搖於如府城之市，但必須要有辦法聚在一起營生，這裡的地理位置與環境恰恰適合。集眾，不論是團練、養兵或盤營積糧；不論是要保衛家鄉、捍衛族群或家族、維護族群生命，或是養精蓄銳、處理衝突，都展現惡地區域旺盛的歷史活力。宋江陣就是這樣產生的，如今許多陣頭與陣法已成為國家登錄的傳統表演藝術類的文化資產。

宋江陣不是此地獨有的技藝與文化；而是臺灣的移民歷史以來，每個地方為維護在地社會與安全所形成的自衛武藝。宋江陣始於強身、團練、保家、衛鄉，

宋江陣發展出各式陣頭，近年亦有女性加入。 圖片提供：林文彥

宋江獅陣互相接頭交頸表示相見歡 圖片提供：林文彥

自三百多年前的臺灣流傳至今，在諸多鄉鎮仍保留其技藝與歷史的特色，在泥岩惡地區域更是如此。宋江陣的本質除了護衛家園、安定聚落民心之外，更是社會關係及在地凝聚力量的體現，幾乎家家戶戶的歷史上都可追溯到曾有人是成員，一如廟宇或宗祠丁口計算的重要性一般。宋江陣是惡地環境中社會與安全網的陣頭武藝，雖然在今日法治的民主社會，不必人人費心出力捍衛自身與自家安全，然而數百年來泥岩惡地發展出的各式陣頭與陣式，已然成為惡地歷史豐富的印記之一。

隨地形地勢蜿蜒流布的曾文溪和二仁溪，對這裡的生活和生計產生很重要的影響，也是惡地豐富地表的緣由之一。雨季分布不均、旱澇交相的氣候，以及泥岩環境的地形變遷，是河川曲流發展的驅力。當河水從山區進入平原或緩坡，遇到泥岩岩層軟硬不同、或地面傾斜等因素之影響，甚或因雨季河川流路變遷與漫流，河川曲流自然生成。有一個重要的觀察點是，河川曲流有攻擊坡和堆積坡，堆積坡平緩易行、易利用，當河水氾濫溢淹就像是尼羅河氾濫一般，帶來有機質並形成沃土，土壤肥沃處，人們容易聚集，施以農作，遂形成聚落或散村。溪流對惡地環境的作用力表現在河流的改道，而泥岩則是導致河道易於變遷的重要環境因子。生命總是沿著曲流取水作息著。流動的水和變動的溪流，產生許多可能，河岸四季差異的顏色、不同的生物與生命、不同的蔬菜瓜果，循著季節旱澇而作息、隨著歲時耕耘而收藏，而人也在其上相應地生活著。

西南泥岩惡地是淺山丘陵，是臺灣高山與平原之間的過渡地帶，扮演著縫合破碎棲地的綠廊角色，因此生物多樣性極為豐富。過去交通不便及生計生活不易的環境，使得惡地早期人口發展有別於都市區域；今日惡地人口雖流失、緻密度稀疏，卻也幸運地換來多元豐富的風貌，例如重要的保育類動物厚圓澤蟹、食蟹獴、東方草鴞；珍貴的植物澤瀉蕨、岩生秋海棠、大葉捕魚木；以及逐漸消失的農塘取水技藝等，這個生態的整體並非

二仁溪時而乾涸，時而氾濫。 攝影：梁偉樂

惡地獨有的總舖師飲食文化
圖片提供：金葉摸油湯辦桌工作室

單一動物或植物所支撐，而是一整個順應環境限制的人文與自然生態的系統，是惡地值得探索的豐富。

極限村落見豐度——總舖師的原鄉

今日這裡是所謂的極限社區、極限村落。在世俗的眼中，它交通和取水條件不佳、勞動力有限、人口外移嚴重、經濟活動衰微、缺乏就業機會，這些弱勢使得各產業無法發達，甚至式微。然而從另一個角度來看，正由於其邊陲屬性，保留了許多有價值的傳統，也使社會關係與文化呈現一種難能可貴的豐饒。島國今日的豐富，若非因如泥岩區的經濟不發達或發展不好，而致使社會生活對環境有較多的依賴和互動，許多文化、社會價值與關係、生態豐富度恐怕早已消失。

七〇年代左右的工業化和快速都市化，泥岩區域人口大量外移，無法趕上工業快速步調或沒有選擇出外工作的人，成為惡地裡剩餘的勞動力。這些力量，維繫住了土地與社會經濟結構的穩定，甚至造就重要的惡地文化，例如需要組織性勞動力的鄉野飲食——總舖師。

鄉間常有慶典與宴客需求，人們對於餐飲要求雖然似乎較不追求精緻、卻非常大器，鄉下不作興名家大菜或各式品系、派系路線，而是以在地食材與傳統流水席的方式煮食，將組合式、勞動式的料理文化發揮到淋漓盡致。從購買材料、物資運輸、器材張羅、餐盤餐具與桌椅現場準備，到上菜現場派工、洗碗、清潔收工等，這一場高度組織的飲食勞動，很難在都市形成，卻成為惡地獨有飲食工作團隊的協作文化。

總舖師專屬的大盤大鍋等，必須有足夠大的料理施作空間；勞動力的組合，並不是有人就可以，而是需要具有經驗的勞動協作者、彼此有高度默契，才能完成此特殊團隊工作。宴席準備場域的各種勞務、技術、勞動的分工合作等，均需要協調配合，這個產業就像一個高度組織的公司。

總舖師需要較開敞的料理空間
圖片提供：許國城

維繫總舖師的廚藝與文化，鞏固住邊陲社會關係，使家鄉文化不致散逸，這股力量，原來是所謂剩餘的勞動力。從一個總舖師文化，我們看到的是人文、社會、經濟的人文生態系統。

除了總舖師的文化與飲食，今日極限村落的豐富，到底還體現在何處？文化碰撞的原漢、土地上的特產、優游惡地的牲畜、傳統作物與相關的耕作技藝等，都有待讀者持續從本書的閱讀中探索。

環境是限制，也是解藥

這裡有許多地方很崎嶇，一個陡坡上去的途中，根本看不到前面的路，只能臆測，果真是險惡之境。這片美麗又哀愁的泥岩惡地，雖然受環境所限，解藥卻也可在環境中尋找。

永續發展目標，也就是SDGs（Sustainable Development Goals），是聯合國環境署（UNEP）於二〇一五年提出的全球性倡議，針對人類存續三維的社會、經濟、環境之諸多難題如重兵壓境的二十一世紀，提出十七項達致人類與其賴以為生的地球環境的永續發展之概念路徑，例如良好健康與福祉、優質教育、潔淨水與衛生、尊嚴就業與經濟成長、產業創新及基礎建設、減少不平等、永續城鄉、責任消費及生產、減緩氣候變遷行動、保育陸域生態、和平正義與健全制度、夥伴關係等，都是泥岩惡地的生活日常中，可以演繹引申並做為舊傳統與新文化碰撞融整的創意路徑，也是創造、凸顯泥岩惡地人文生態特色的機會。

全球性的永續發展目標，沒有全球一致的做法與作為，也沒有個別獨立的永續發展目標，而是多種要素與目標互相為用，落實於在地的生活脈絡關聯，環環相扣，俾利完備具周延性的社會、經濟、

惡地不惡，是認識人與環境關係的最佳所在。 攝影：林月靜

環境三維一體的永續發展。在泥岩惡地，曾經被認為毫無地下水或含水層的環境，卻經過在地公民科學家的環境保育掙扎，在熟悉的生活中具體認清原來泥岩沉積過程並非均質，進而發現厚圓澤蟹和食蟹獴的關係，以及村民從小生活的水塘和馬尿原來也屬於同一個完整的環境循環的一部分。從負責任的消費、確保永續消費及生產模式的角度而言，泥岩惡地是最適合慢食、慢活、漫遊的低碳旅遊。從優質的教育角度而言，泥岩惡地環境是提供全方位認識人與環境的關係、傳統飲食與食農教育的模式，甚至是聚落社會與農耕用水關係的最佳所在。

聯合國全球地質公園（UN Global Geopark）計畫的倡議，是一個回應永續發展目標的體現，它從地景環境保育、地質與環境教育、地質與生態旅遊、社區參與挖掘、守護在地傳統與技藝等面向切入，倡議有知覺的守護環境及其價值；在面對新興科技和思維層出不窮的當代，謹守永續發展目標，落實思維既有技藝與傳統文化如何轉化成為在地行動方案，體現地方特色，發展在地特有的生活敘事與價值，貢獻多元選擇的、與自然和諧共存的生活模式。[7]

當代珍稀的惡地環境面臨各種威脅，然而在地生活者不再詠嘆手上缺乏武器，而是思考到環境的價值；在看似所剩無幾的窘境下，彼此背靠著背，以三百六十度的環境視野，共同面對外在環境的變遷並思索合作路徑。各有特色的地質公園社區，都知道路雖崎嶇不好走，只要力量不散，惡地環境價值與其韌性終將讓大眾社會認識。惡地之人，在過往的歷史中總是在極限下不斷找尋出路；未來的新出路，不會自動出現，或許有限，或許難關重重，但只要惡地社會重新盤整既有的環境和文化資產，就有機會做回自然中的自己，也可以在既有的資產中選擇道路。

惡地的自然與人文環境特色，今日已稀有；惡地生活所保存的技藝和社會文化，是現代都市人體驗傳統社會與環境共處的生活技藝與記憶的途徑，也是都會人口滿足對自然環境之鄉愁的途徑。著眼於地球資源的極限及建構韌性社會的重要性，且讓我們一起乘著今日泥岩惡地的生活脈動，走進這一片非惡之境。

注釋

1 王鑫，《泥岩惡地地景保留區之研究》（臺北：行政院農業委員會，一九八八年）。

2 泥岩惡地除了西南部、臺東利吉以外，尚有墾丁（墾丁層）。墾丁層惡地與利吉惡地形成的因素類似。

3 臺灣林務局農林航測所，〈臺灣西南部地區泥岩—青灰岩裸露地面積航測調查〉，《林務局航測所叢刊》，一九八八年。蔡光榮，〈臺灣西南部泥岩地區植生護坡之根系力學模式應用性探討〉，《地工技術雜誌》，一九九四年。

4 佐佐木綱（Sasaki, Tsuna）等著，《景観十年風景百年風土千年—21世紀に遺す》（日本東京：蒼洋社，21世紀に遺す系列，一九九七年）。

5 歐素瑛，〈早坂一郎與近代臺灣地質學研究之展開〉，《臺灣文獻》第七一卷第二期，二〇二〇年六月。

6 同注5

7 林俊全主編，蘇淑娟著，〈臺灣地質公園的跨域與連結〉，《閱讀台灣地質公園》（臺北：臺灣地質公園學會，二〇二二年）。

Part II 荒山惡地

約莫六百多萬年前，臺灣島因板塊碰撞逐漸抬升隆起，這次的造山運動由北邊開始，一路往南發育。臺灣西南部在半深海的環境下不斷接收泥質沉積物，隨著板塊擠壓，快速上升到了陸地。肆無忌憚的水與風，在此雕鏤出險惡崎嶇、破碎荒涼的景觀，我們以惡地名之。島嶼上較為明顯的惡地有三處，各具特色，在短短一百多公里內，我們得以見證臺灣既複雜又脆弱的大地故事。

撰文／吳依璇　攝影／梁偉樂

1

快速造山的見證

千變萬化的地形、鬆軟的地層、荒涼的景觀——惡地，給人一種其他地方難以取代的感覺。臺灣面積較大、較著名的惡地主要有三處，一處在島嶼西南，一處在東南，還有一處在中北部；這些惡地分別代表臺灣形成的不同時期。

位處臺灣西南的惡地面積最大，大致分布在曾文溪以南，縱跨臺南和高雄兩市；東南惡地主要位在臺東利吉；中北部則是苗栗三義的火炎山。

西南惡地是由來自海底的厚層泥岩組成；東南惡地來自殘餘的弧前盆地；中北部火炎山惡地是前陸盆地的一部分。這些惡地共同的特徵是表土不容易保存，一旦下雨即會受到強烈侵蝕，因此作物難以種植。在這種特殊地形地貌上，往往可見一大片荒涼景色，不禁令人想起《古海荒漠》，該書描述地中海曾經乾涸成為荒漠的經過[1]。雖然難以想像，但在臺灣惡地，有另一段不太一樣的從海漸變成荒境的故事……

西南泥岩惡地——臺南左鎮、龍崎、高雄田寮、內門、燕巢

臺灣西南惡地有個響亮的名字——月世界，這名字恰如其分地表現出惡地的模樣，就如同月球表面一般，只有高低起伏的岩石，靜悄悄地坐落在此。西南泥岩分布範圍大約一〇一四平方公里，占臺灣本島總面積約三%，比較常聽到的月世界有左鎮草山、龍崎牛埔、高雄田寮、燕巢等處。之所以會有惡地景觀，是因為臺南、高雄這一區域剛好有「古亭坑層」的地層出露到地表，而古亭坑層是以厚層泥岩為主的地層，厚度大於四千公尺，時代自早上新世至早更新世（五二〇萬～四十萬年前）。泥岩具有不透水特性，在下雨的時候會變得軟黏，很容易被侵蝕，無法在地層中保存水分；當非雨季的時候，泥岩又會被曬

今日臺灣地體圖

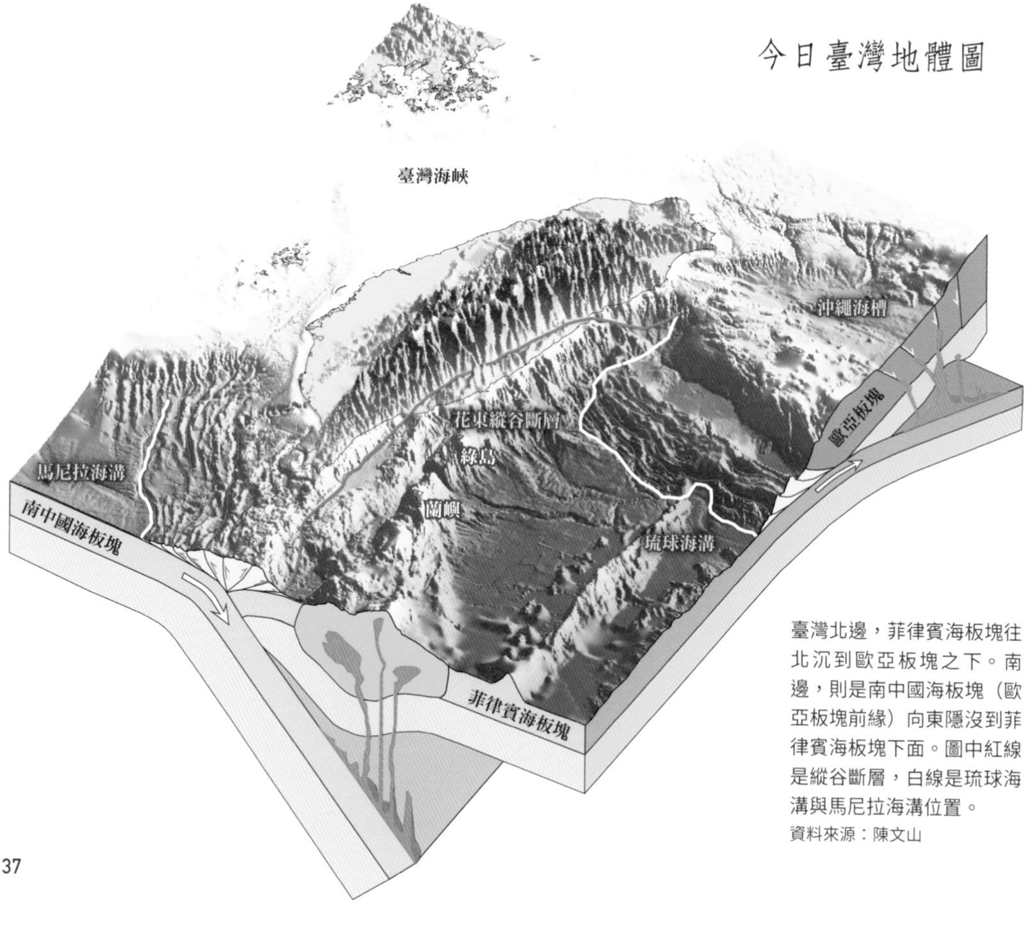

臺灣北邊，菲律賓海板塊往北沉到歐亞板塊之下。南邊，則是南中國海板塊（歐亞板塊前緣）向東隱沒到菲律賓海板塊下面。圖中紅線是縱谷斷層，白線是琉球海溝與馬尼拉海溝位置。

資料來源：陳文山

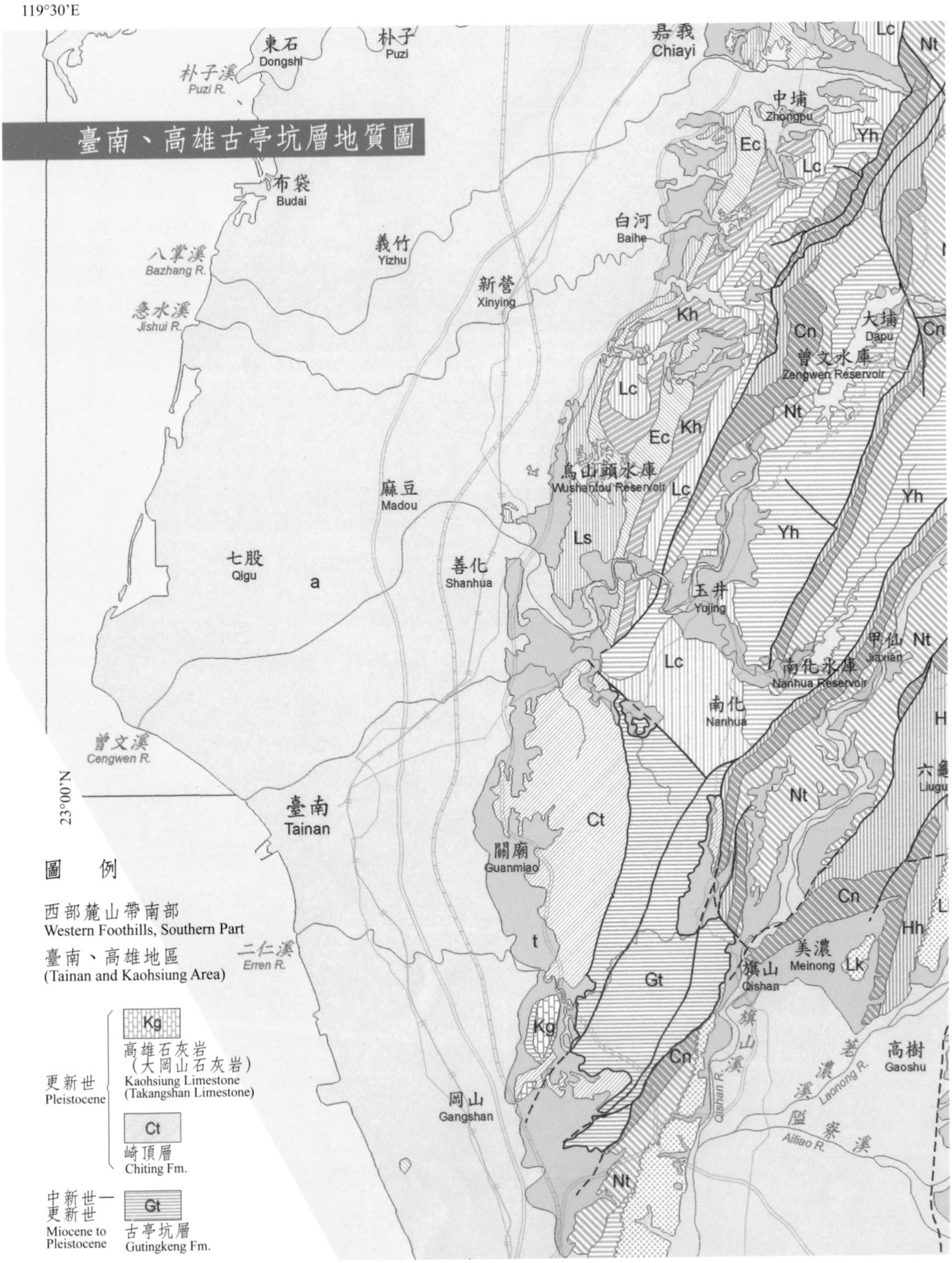

古亭坑層以厚層泥岩為主，北起臺南左鎮和龍崎，南至高雄內門、田寮和燕巢，南北長約 35 公里，東西寬約 8 公里，深度約 4000 公尺。

圖片提供：陳文山、林啟文編製，〈臺灣地質圖四十萬分之一〉，《臺灣地質概論》（臺北：中華民國地質學會，2016 年）。

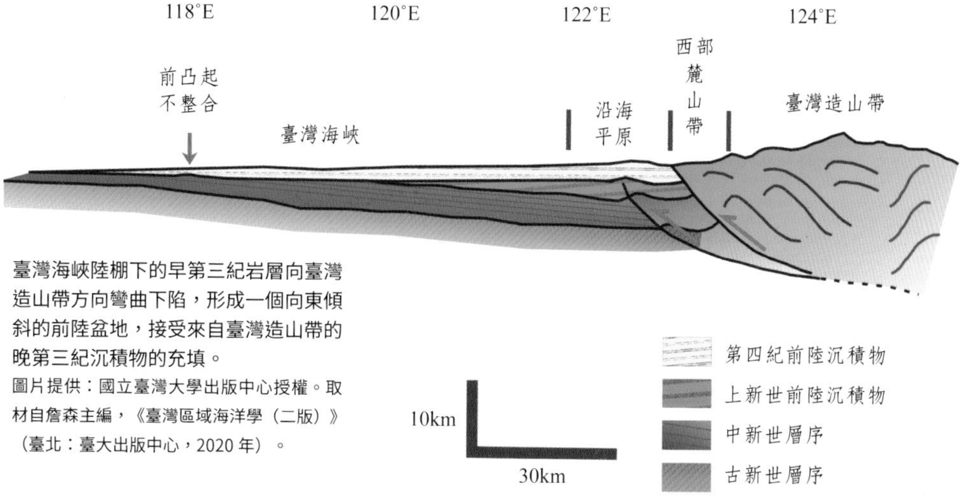

臺灣海峽陸棚下的早第三紀岩層向臺灣造山帶方向彎曲下陷，形成一個向東傾斜的前陸盆地，接受來自臺灣造山帶的晚第三紀沉積物的充填。

圖片提供：國立臺灣大學出版中心授權。取材自詹森主編，《臺灣區域海洋學（二版）》（臺北：臺大出版中心，2020 年）。

得十分堅硬，甚至龜裂。因此在乾溼季較為分明的西南部，月世界的形貌常常隨著季節而有所不同，可以形成尖銳山峰與陡峭山壁的模樣。

在約莫六百多萬年前，因為受到板塊擠壓，臺灣島逐漸抬升隆起，位於菲律賓海板塊上的火山島弧邊緣向西北移動擠壓，碰撞到歐亞板塊的邊緣，漸漸形成臺灣島早期的中央山脈。在臺灣島抬升的過程中，歐亞板塊的邊緣因為承受逐漸形成的山脈的重量而向下撓曲並凹陷，因此在山脈前面形成了長條狀的盆地，這個位處於半深海的凹陷沉積環境在地質學上稱做「前陸盆地」。

這次的造山運動由北邊開始，一路往南發育。中央山脈慢慢隆升的同時，也受到侵蝕，沖刷下來的沉積物一路傳輸到海裡沉降並堆積。在靠近沉積物源區的地方，堆積的沉積物顆粒會較大；遠離沉積物源區的地方，堆積的沉積物顆粒則細得許多。如同在山上的河流中可以看到和人一樣高的巨石，而在出海口則會看到遍地的細砂。石頭被搬運到深海沉降的時候，大多已經是極細的顆粒，約莫直徑〇．〇〇四釐米以下。當臺灣北部因為受到板塊擠壓慢慢從淺海抬升到陸地環境的時候，臺灣西南部仍在半深海的環境；因此臺灣西南部接收來自附近地區帶來的沉積物，這些沉積物就是現在形成古亭坑層的材料。隨著臺灣島持續抬升，臺灣西南部大約在距今四十萬年前，成為淺海到三角洲沖積平原的陸相環境，也結束泥質沉積物的堆積。然而臺灣島的抬升持續進行，曾經在半深海的泥巴隨著板塊擠壓，上升到了陸地，成為我們現今看到的月世界惡地。

泥岩顆粒極細，受風化與雨水滲入會形成乾縮，與底面泥岩剝離，裂隙與孔隙導致雨水更易深入，造成崩解。 攝影：王梵

泥岩表面多裂隙，邊坡侵蝕旺盛，形成薄且窄的泥岩刃嶺。 攝影：梁偉樂

泥岩地形遇雨則成泥漿
攝影：陳瑞珠

第一站：高雄田寮月世界

地層：古亭坑層

岩性：泥岩、夾砂岩互層

「你們這邊要小心，前幾天剛下完雨，整個地面很軟，踩下去會陷進去，腳拔不出來。」

老師才剛提醒大家，下一秒轉頭就看到同學陷在泥巴裡無法動彈，旁邊兩三個人一起幫忙好不容易拉出來，但腳上的鞋子蒙上厚厚一層泥，看來回去要特別清理了。

這裡是月世界，一個聽到名字會覺得好浪漫，但實際見到卻像月球一樣光禿禿的荒涼泥地。我跟著一群地質系學生和老師出來野外做地質調查。

所謂地質調查，第一步就是將沿路的岩石詳實記錄下來（製作路線地質圖）：這是什麼岩石、岩石裡有什麼、岩層延伸的方向、往哪個角度與方向傾斜、這整條路上有什麼不同的岩性變化……，將這些資訊一個點一個點的慢慢走成線，再將不同條線上相同的岩層連起來，就能畫出臺灣島上不同區域岩石性質的分界，推敲出島嶼此處曾經的滄海桑田。

向斜與背斜構造

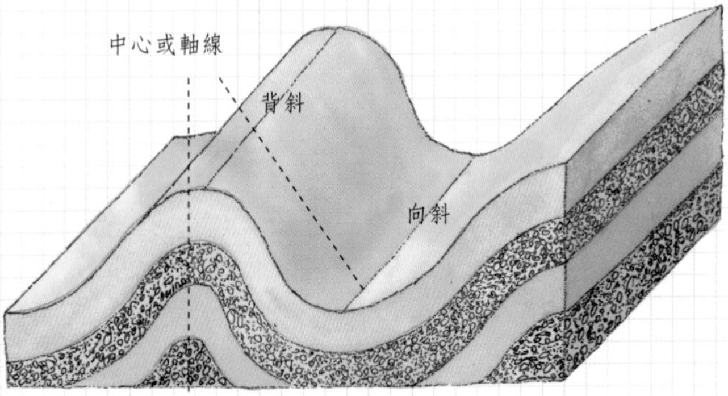

岩層受到橫向擠壓，變形而形成彎曲的狀態。依兩翼傾斜關係可分為向斜構造和背斜構造。向斜是兩翼相向傾斜，即岩層向下凹。背斜是兩翼相背傾斜，即岩層向上凸。

圖片提供：遠足文化

「同學，拿著你的東西，待會要做這段路的地質調查。先畫出這個剖面的地層柱[2]，要標註實際高度和距離，圖上要標比例尺，再從這裡沿路畫地質圖，畫回剛剛的公路。」

我還在一頭霧水之中，就看到其他學生快速地收拾放在車上的工具，往山壁移動。慢慢接近其中一組，觀察他們如何熟練地使用紙筆與工具記錄。

「同學，這個指南針是要做什麼的？」

「這不只是單純的指南針啦，這是傾斜儀，用來看岩層的走向和傾角。」

「為什麼要看走向和傾角？」

「用走向和傾角可以拼湊岩層在空間上的樣子。我們在野外，雖然只能先用平面上的單點測量，但是若有傾斜儀，就可以描繪這個岩層立體的樣子。譬如說我在這個點測到的是岩層往東傾斜，但是走到路口發現岩層是往西傾斜，可以猜測這個岩層可能是像碗一樣疊起來的……。」

這時老師插了進來，

「知道地層資訊以後，可以應用在很多地方的，譬如想要蓋房子，總不想蓋在斷層上吧，這從地質圖能看得出來，或者看順向坡，也可以知道。」

「原來如此，但只有這種人工一點一點的記錄方式嗎？」

「現在還有很多種不同方式可以蒐集不同資料，不過這種人工方式算是基本功，也算是實證，雖然每個人的解釋都會不太一樣。另外，畢竟是用儀器測的，難免會有一些誤差，或者是雜訊什麼的。如果可以從不同角度觀測的話，當然就可以獲得更多的資料，這樣一來，也許就比較接近真實的樣貌。」

月世界的山壁很難爬，一不小心就會從上面滑落。最棘手的地方是在下山壁，上來已經沒有什麼地方可以踩穩著力的腳點了，下山根本只能用屁股坐在山壁上，慢慢滑下山。

「老師，那一條是什麼東西？」

「那是一層砂，這裡會有砂啊泥啊交互出現，你如果仔細看的話，砂和泥的顏色會有點不一樣，當然它們的顆粒大小也會不一樣。」

「要怎麼看泥和砂？有什麼不一樣呢？」

「我們做野外調查，就是要記錄這一個地點能觀察到的岩性、構造、地層位態，而所謂的岩性，就是這裡是砂岩還是泥岩。砂和泥之間的差異在於，砂比較大顆，泥比較小顆。我們在大自然裡，如果沒有什麼實驗工具可以輔助判斷的話，可以善用你的五官，仔細看看，仔細摸摸，如果真不行的話，就拿起來舔一舔吧。」

我們一路描述石頭的樣貌，大多數都是很鬆散的，但有些地方還是可以稍微看出砂和泥堆疊成一層一層的樣子。

一座座泥巴山，遠望灰撲撲的，靠近以後才發現其實五顏六色。泥巴是灰色，砂岩是淺灰色或土黃色，在縫隙裡還有草的綠色、花的黃色。我跟著地質學家一同漫步踏過一塊塊石頭，仔細閱讀大地呈現的樣貌，思索著過去發生在這個地點的故事。

總覺得地質學家很浪漫，就像是研究自然的歷史學家一樣。歷史學家不斷尋找人類活動的紀錄，追尋的是人類歷史的痕跡；而地質學家就是一群想要瞭解從古至今地球環境演變的人，在世界各地尋求過去環境遺留的蛛絲馬跡，拼湊出滄海如何漸變成桑田的故事。

在人們口耳相傳中的惡地，對地質學家來說會是什麼樣的故事呢？想著想著，鞋子上的泥巴也乾了，輕輕一拍就落了下來。泥巴落在長在惡地縫隙的小黃花上，而小黃花依然佇立著。

泥岩惡地中其實可以發現不同成分與色彩　攝影：王文誠

臺東利吉惡地

在板塊構造學說的模型裡，板塊隱沒下去之後，會在地表上形成一道深不見底的海溝，隱沒板塊的上覆物質像是被刮起來，堆積在上覆板塊，形成增積岩體。

板塊隱沒下去後，被帶進地下深處的沉積岩和部分海洋地殼裡的含水礦物受到壓力和熱的影響，開始脫水，這些水使隱沒板塊產生部分熔融，形成岩漿。因為密度的關係岩漿開始上升，到達地表以後則在上覆板塊上形成火山弧。但因為熱對流的作用，會在火山弧和增積岩體之間形成弧前盆地，在火山弧的另一側形成弧後盆地。如果以現今臺灣的大地構造來看的話，在臺灣東部的琉球海溝正是板塊隱沒的痕跡；一連串的和平海盆、南澳海盆和東南澳海盆則是弧前盆地；再來就是在沖繩海槽內有許多火山，龜山島周圍的牛奶海就是海底熱液活動的證據，這就是菲律賓海板塊朝北隱沒形成的火山弧。

增積岩體演育過程

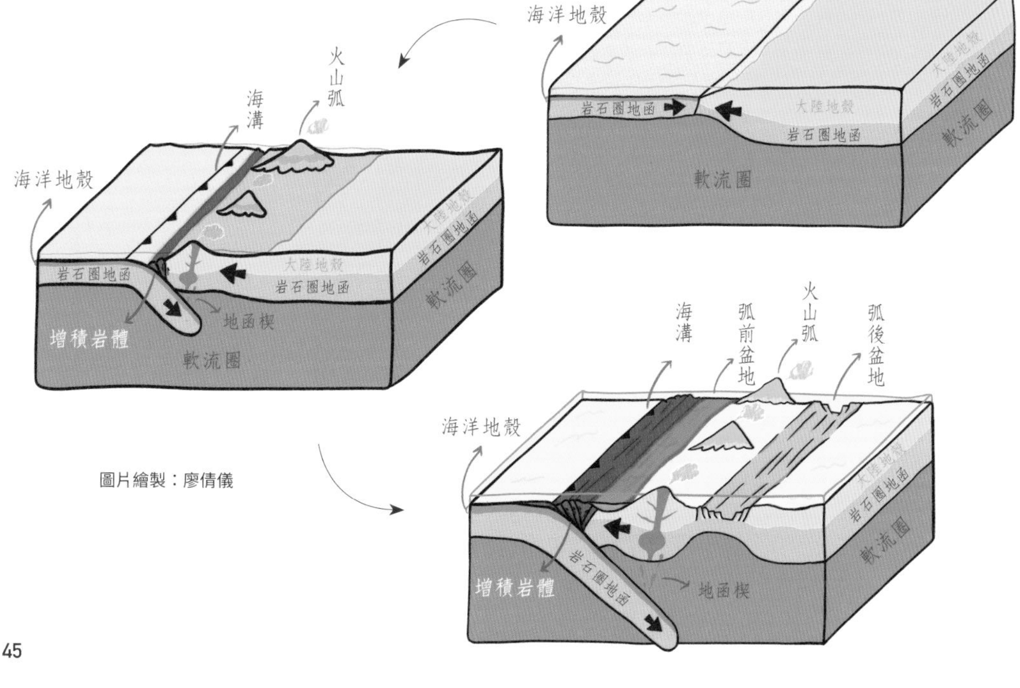

圖片繪製：廖倩儀

臺灣周圍海域海底地形圖

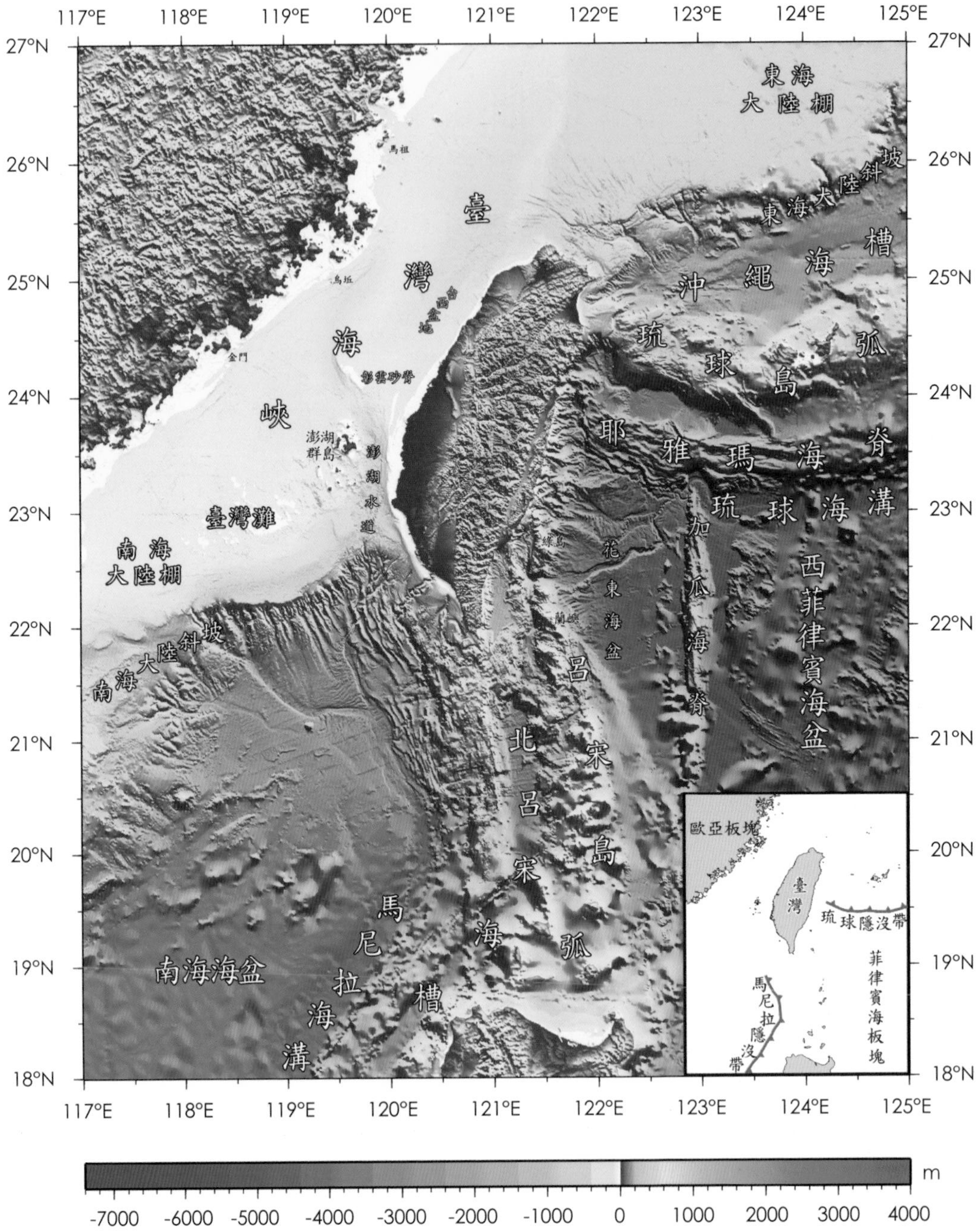

圖片提供：國立臺灣大學出版中心授權。取材自詹森主編，《臺灣區域海洋學（二版）》（臺北：臺大出版中心，2020 年）。

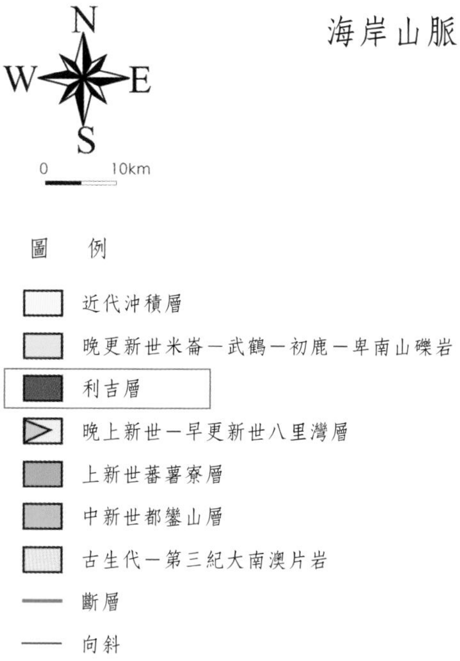

海岸山脈地質簡圖

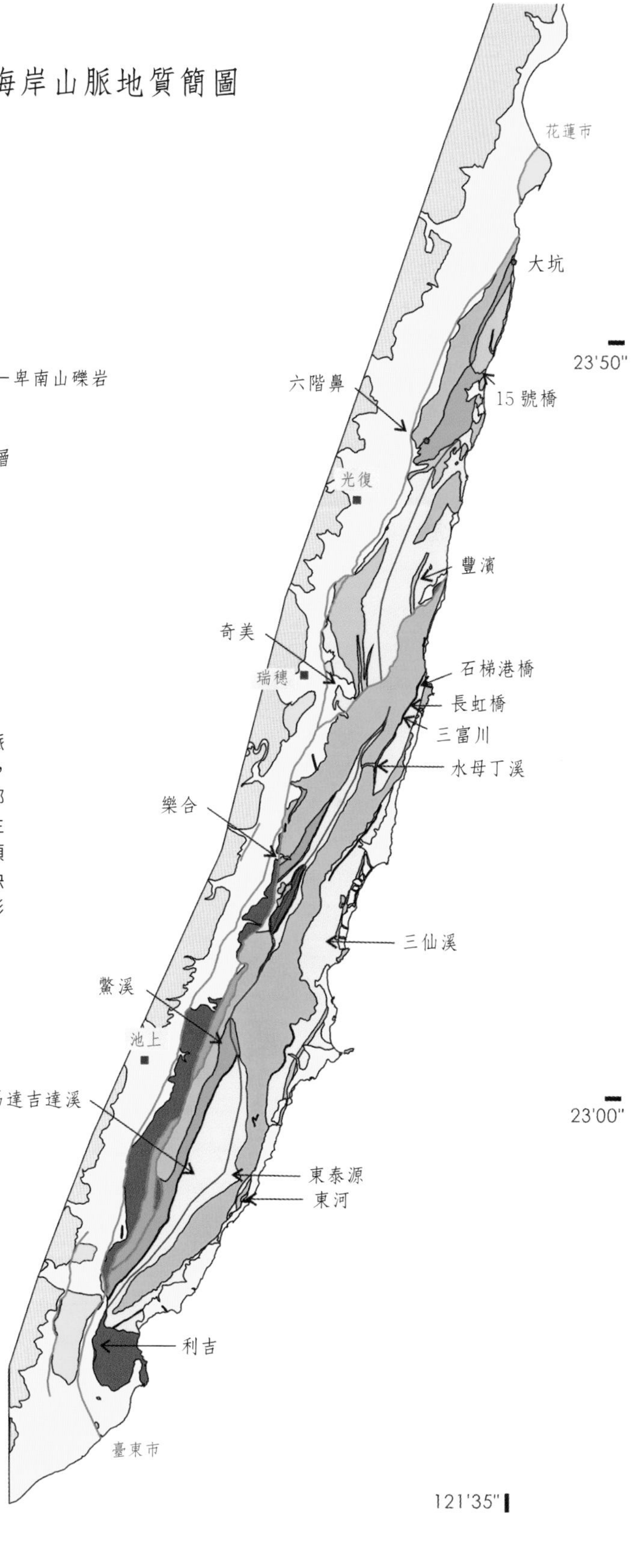

利吉層呈狹長帶狀，分布在海岸山脈的西緣，北從花蓮玉里附近的樂合起，往南斷斷續續出露，直至臺東卑南鄉海岸山脈南端臺東大橋附近為止。主要以灰色泥岩為基質，夾雜許多種類繁多、大小不一的外來岩塊。由於缺乏明顯層理，且因容易沖刷流失而形成惡地景觀。

圖片提供：陳文山

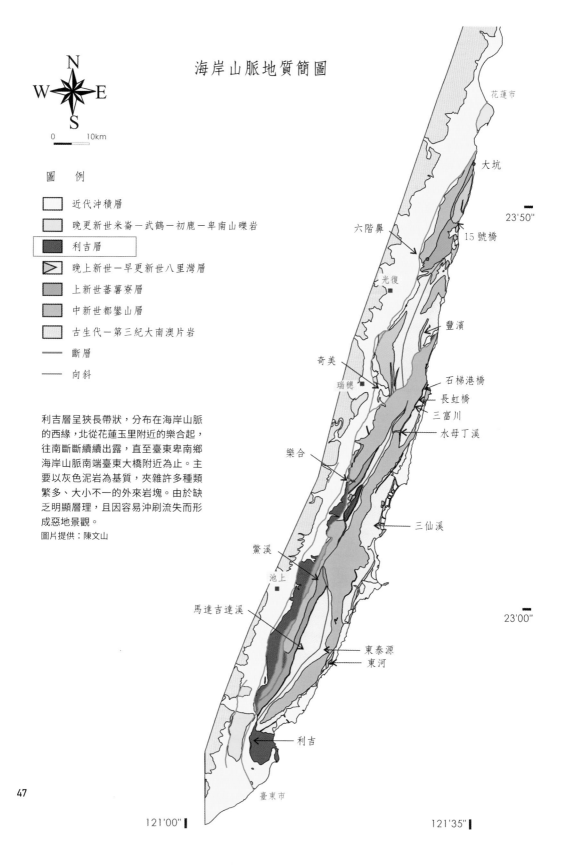

利吉層與臺東縱谷斷層演育圖

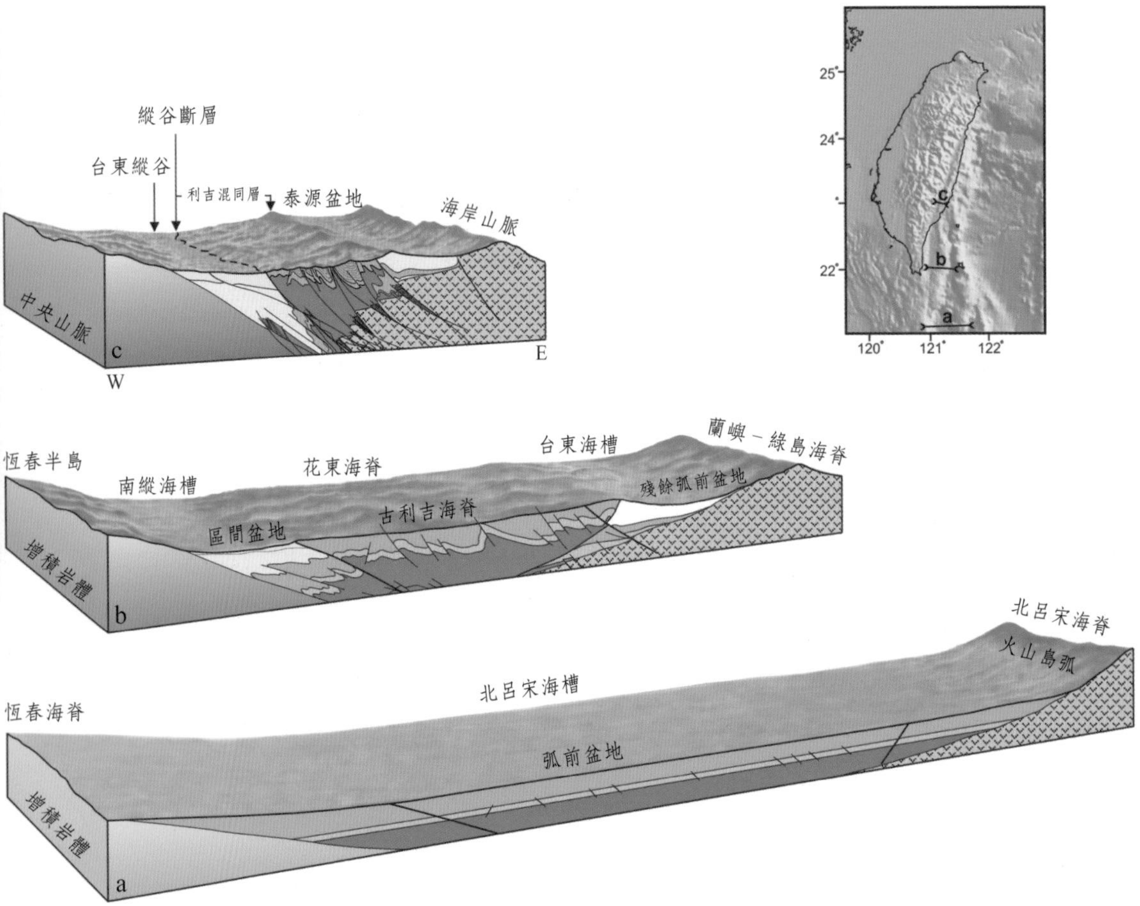

由下至上分別為剖面 a、b、c。可理解為利吉層的孕育期、活動期、成熟期。孕育期，陸相與海相岩石大量進入弧前盆地；活動期，兩側向中間不斷擠壓，活動劇烈，沉積物也被擠壓上來；成熟期，亦即目前的利吉層，板塊碰撞形成，左側增積岩體為中央山脈，右側島弧已經變成海岸山脈。

圖片提供：張中白

利吉惡地緊臨著卑南大溪，是歐亞板塊與菲律賓海板塊隱沒碰撞時所生成的泥岩惡地。 攝影：許震唐

由此看來，臺東利吉惡地的形成故事就顯得相當複雜。歐亞板塊向東俯衝至菲律賓海板塊之下，形成了增積岩體、弧前盆地和火山島弧，位在菲律賓海板塊之上的火山島弧受到侵蝕，沉積物堆在弧前盆地裡，而後菲律賓海板塊不斷向歐亞板塊擠壓，使得島弧不斷向歐亞板塊靠近，因此介於島弧和歐亞板塊之間的弧前盆地不斷縮短，因為擠壓而使盆地內的物質受到應力而剪切、變形。在這個過程中，增積岩體也往弧前盆地提供指示著海洋地殼的蛇綠岩套和砂岩沉積物；隨著菲律賓海板塊不斷的擠壓，這個弧前盆地被壓縮抬升形成利吉惡地。

第二站：花蓮鱉溪、臺東利吉

地層：都鑾山層、蕃薯寮層、利吉層

岩性：泥岩與砂岩互層、泥岩夾各種不同外來岩塊

一望無際的稻浪中，層層山脈從田中拔地而起，連綿不絕。越過附近農家的雞圈，再跨過鱉溪的河水，高聳的山壁就在面前。

「你們看看這些泥巴，再想想之前的月世界，有感受到什麼嗎？從顏色、顆粒、整個山壁的樣子，從大到小慢慢觀察一次。」

仔細端詳，這片山壁看起來鬆鬆軟軟的，應該都是泥；很多被雨水沖刷出來的溝，和月世界看起來很類似；不過泥的顏色有點不太一樣，比較青綠的感覺。除了泥以外，山壁間還夾著大石頭，看起來有點綠綠黑黑，雜亂分布在各個地方。

沿著溪谷往下，翻過溪裡大大小小的石頭，這時走到了一個轉彎處，老師指著難得沒有被草叢掩蓋住的岩石露出的剖面說，

「你們看看這個地方有什麼吧。」

「為什麼那裡會彎彎的？」

「之前有說，我們會預設泥會在水流能量比較低的地方堆疊起來，這裡有一大片泥，所以可以先想像這裡很久以前在海裡，這些泥堆久了，受到一些壓力愈壓愈密。就先想像在做磅蛋糕好了，一開始在

海裡堆積的泥就像是磅蛋糕的麵糊，軟軟的，稠稠的，裡面還很溼。但是拿去烤的過程，就像這些泥巴慢慢被壓得密度大、變硬，形成一個烤好的磅蛋糕。當然泥岩形成的溫度不會像烤磅蛋糕這麼高溫。岩層形成的過程，可以想像成做了好幾層磅蛋糕。這些岩層呢可能會受到一些力，開始扭曲啊、變形啊、甚至斷裂，所以有時候看到彎彎的岩層，有可能是這樣的形成原因。這裡比較特別，你們剛剛說整片山壁看起來像是被攪過一樣，這個彎彎的岩層有連接到別地方去嗎？」

「看起來沒有。」

「海很大一片嘛，照理來說岩層應該也會形成很大一片，理論上應該可以在這附近區域都對得到這條岩層；如果對不到的話，那這塊扭曲的磅蛋糕是不是有可能是從別的地方掉落下來的，所以就只有獨立一塊在這裡。或者甚至這塊還只是沒有成形的磅蛋糕，就從別的地方滑落掉到這裡。海裡面常常會有一些海底山崩，一些還沒完全固結的沉積物掉落，這樣就有可能會形成獨立的、扭曲的模樣。」

縱谷裡的空氣很乾燥，炙熱驕陽曬得人頭頂發熱。沿著臺九線往南，接上縣道一九七，兩旁都是翠綠的高山。當壯闊的卑南溪出現，我們轉進東四十五縣道，不久，「利吉地質公園」的告示牌出現在眼前。走近泥岩山壁，老師指著一塊相當特別的大石頭說，這是「外來岩塊」。這些夾在泥裡的大石頭實在很不一樣，應該是從別的地方來的，因此稱為「外來岩塊」。

在地質故事當中，臺灣的形成是菲律賓海板塊上的呂宋島弧往歐亞板塊擠，慢慢擠壓出來的。現今大地構造的架構之下，島弧前面通常會有個盆地，叫做「弧前盆地」，這個盆地會容納它周圍的碎屑。但是

利吉惡地中有不同於四周泥岩材質的外來岩塊，是混同層的重要內容物。
本圖左上部一塊突出的即是外來砂岩。 攝影：許震唐

當菲律賓海板塊一路擠壓，這個盆地就慢慢被擠壓而消失，剩下從花蓮玉里樂合到臺東大橋的利吉層。

「地質學家怎麼有辦法想出這個故事啊？」

「發揮想像力啊，不過每個人的看法多少有些差異，加上每個人看到的證據也不太相同，所以這段歷史故事不是每個人都會說得一樣。」

苗栗火炎山礫岩惡地

苗栗的火炎山是屬於頭嵙山層火炎山相的礫石層，位於苗栗丘陵南部，大安溪北岸，這裡地層形成的年代大約在中期更新世。地質學家判斷這裡的礫岩是在約一百萬年前的前陸盆地中陸上河流帶來的沉積物堆積，再受到板塊擠壓抬升，而在抬升的過程中受到侵蝕並發育出侵蝕溝。原來的表層因為曝露時間較久，產生土壤化，其過程使得土壤中含鐵量逐漸增加，才會讓該地的土壤呈現紅棕色。有別於臺灣島上較老地層的材料大多來自東南中國沿岸，頭嵙山層的材料來自臺灣受蓬萊運動隆起的山脈。也因為顆粒大多為礫石，可以得知顆粒傳輸的距離較短。由於該地區礫石層之間的縫隙比較大，當降雨的時候，礫石之間的膠結物多是鬆散的泥，容易隨著雨水流失掉土壤，受到強烈的侵蝕作用，產生明顯的邊坡沖蝕現象，植物不容易附著；而當無雨的時候，則因為礫石之間膠結物而維持陡峭邊坡的形貌，因此才會產生出惡地地形。也因為是惡地地形，大量的沉積物隨著雨水進入河流，在火炎山地區也可以看到好幾個大型的沖積扇，這些沖積扇最後接入大安溪。

火炎山的礫岩惡地　攝影：游牧笛

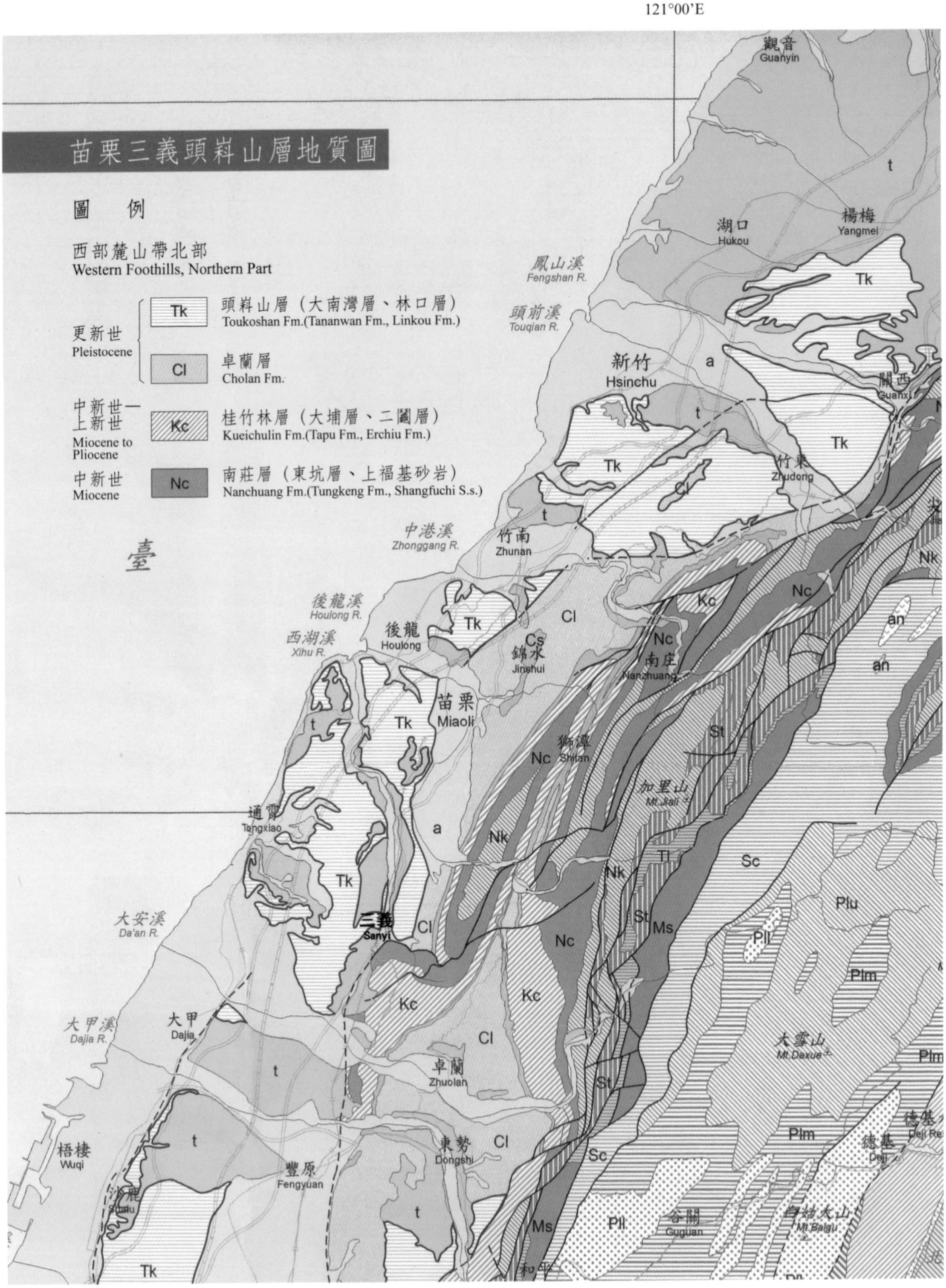

頭嵙山層的礫岩是在前陸盆地中陸上河流帶來的沉積物堆積而成，土壤呈現紅棕色。

圖片提供：陳文山、林啟文編製，〈臺灣地質圖四十萬分之一〉，《臺灣地質概論》（臺北：中華民國地質學會，2016 年）。

第三站：苗栗三義火炎山

地層：頭嵙山層

岩性：礫石、厚層砂岩、粉砂岩、泥岩互層

火炎山與大安溪沖積平原
攝影：游牧笛

過了幾天，我自己走了趟苗栗三義的火炎山，我按照地質學家教的步驟，由大至小、由遠而近地慢慢品味這座山。和前兩座惡地不同的是，這裡土地的顏色偏紅，裡面的石頭也圓潤許多。踏在礫石鋪成的步道上，一旁是極為陡峭的山壁，山壁上充滿著大大小小的礫石以及被雨沖刷出來的溝渠，讓山壁顯得更加陡峭。

這裡的礫石看起來相當渾圓，應該是受到河流沖積而成。相較於前兩處惡地，大顆粒的礫石之間有紅土充填，這裡的紅土顯得相當引人注目，也是火炎山名稱的由來。由於火炎山主要是礫石堆疊，因此一旦下雨沖刷掉礫石間的紅土，礫石就很容易崩塌，植物也難以生長。

這些被沖刷出去的土石，在山腳下堆成一道礫石路，出了火炎山後在平緩的地形上展開扇形的堆積，最終接入大安溪。

比起其他兩座惡地，這裡多了些林蔭，但夕陽西下時，從國道一號遠望此處，山頭真像是火在燃燒一般。

臺灣的三處惡地剛好可以反映出北部、南部和東部的大地構造，在短短一百多公里之內，我們得以看到完全不一樣的形成歷史，而這樣的歷史故事，訴說著臺灣地質景觀的複雜以及脆弱。

美洲

在美國南達科他州西南部，有一片如迷宮般的奇詭地形，數十萬年來的水與風在此肆無忌憚地刻蝕，雕鏤出神奇的岩石荒山，這裡是全球相當知名的美國惡地國家公園（Badlands National Park）。

2

全球視野——孤峰在何方

惡地分布在全世界許多地區，包括美洲、歐洲、大洋洲、亞洲等，每個地點都有其獨特的形成原因。從臺灣出發，全球惡地樣貌將會展開我們的視野，也讓我們回到自身，更深刻理解島嶼惡地與造山運動連結的特殊之處。

印第安蘇族原住民的祖先將此處命名為 mako sica，意思是惡劣土地；二十世紀初法裔的加拿大獸皮獵人則咒罵這裡是 les mauvaises terres à traverser——「要穿越的惡地」。如今，惡地這個名詞已經被廣義地使用了，泛指地球上因為遭受侵蝕而形成險惡景觀的丘陵地域。

惡地國家公園有明顯不同的沉積地層，更包含了世界上最豐富的化石岩層之一。環繞在孤山四周的草原之海，是一片無人涉足的荒地，卻也棲息著數量豐富的野生動物，例如野牛、草原狼、叉角羚和活化石錦龜。

數十萬年來，這裡受到大風和雨水的侵蝕、風化，形成綿延宛若

全球知名的美國惡地國家公園位於南達科他州，擁有壯觀的惡地景觀。野牛、叉角羚和草原土撥鼠都棲息在廣闊的草原上。
圖片來源：©Bernard Spragg. NZ from Christchurch, New Zealand, Public domain,via Wikimedia Commons

切爾藤姆惡地是安大略省卡利登北部的一個重要的地質景點
圖片來源：©Joe deSousa, CC0, via Wikimedia Commons

城牆的孤山、峽谷和溝壑地貌，實在讓人難以想像這裡曾是一片汪洋。

美國蒙大拿州東南方的馬科施卡州立公園（Makoshika State Park）相較起惡地國家公園規模相當小，卻擁有超過十種的恐龍化石遺跡，最有名的是霸王龍和三角龍化石，還曾出土過完整的三角龍頭骨。此名原意為惡靈的土地，自白堊紀一路經歷各種不同沉積及侵蝕作用，從海相沉積物、沼澤沉積物到火山灰沉積物都有。

加拿大切爾藤姆惡地（Cheltenham Badlands）位於安大略省卡利登，該處的岩層主要形成於四億多年前的奧陶紀。塔柯尼克山脈（Taconic Mountains）形成後，不斷侵蝕的沉積物形成了三角洲，慢慢堆積起來成為昆斯頓頁岩（Queenston shale）。昆斯頓頁岩主要是以紅色頁岩

阿根廷沙漠中的伊沙瓜拉斯托惡地
圖片來源：©CecyZerda, CC BY-SA 3.0, via Wikimedia Commons

為主，並且有少量的綠色頁岩、砂岩和石灰岩。由於頁岩容易被侵蝕，加上黏土含量約五八%～六八%，黏土中的礦物吸水後膨脹，遂將頁岩撐破變成細碎的碎片，於是該處就形成了惡地的模樣。在十九世紀末期到二十世紀初期，切爾藤姆惡地主要是用來放牧牛群，但後來發現一旦放牧養殖，便容易讓惡地快速流失，便又關閉了部分惡地。

阿根廷伊沙瓜拉斯托（西班牙語 Ischigualasto）位於阿根廷聖胡安省的東北部，是阿根廷中部的沙漠地帶，由於屬於乾燥大陸性氣候，晝夜溫差大，降雨強度亦相當大，有時候甚至會伴有冰雹，加強地表的風化。該處最高峰大約一千兩百到一千八百公尺，是一個保護區。這個惡地植被稀少，土壤顏色因為風化而多變。

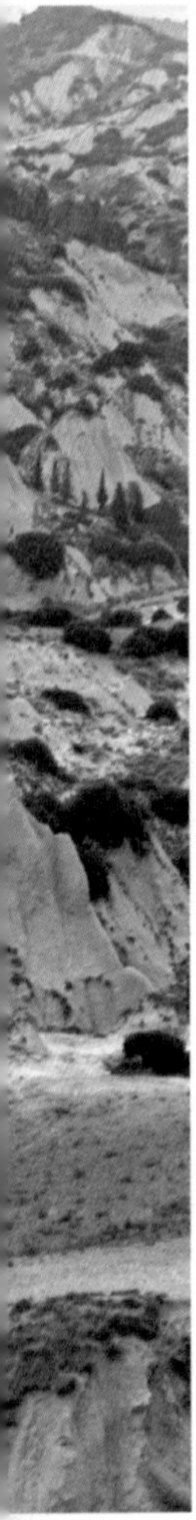

在這個保護區裡，有大量且完整的化石出土，可以看到完整三疊紀的地層，因此從一九三〇年代起就有許多地質學家及古生物學家來這裡探查。該保護區不僅有恐龍、哺乳類動物的祖先、爬蟲類、鳥類等的化石，還有許多植物化石出土。

距今約兩億多年前，河流帶來洪水，在這裡造成了大面積的沖積平原以及沼澤，因此留下大量植物化石，甚至一部分已經形成煤層；該處的岩層中可見砂岩、礫岩層、黏土和部分火山灰夾雜其中。這個保護區內的化石，提供全球研究者相當完整的古代環境的研究材料。

歐洲

在義大利南部阿利亞諾（義大利語 Aliano）也有泥岩惡地地形，該惡地的形成原因和臺灣西南惡地類似，都是海相泥岩經抬升後受到侵蝕而成。該惡地的主要組成為黏土、粉沙和膠結不良的沙。在阿利亞諾這個地區，有兩種不同類型的地貌，比安坎（義大利語 Biancane）和卡拉契（義大利語 Calanchi），比安坎是對稱或不對稱的小圓丘狀，帶有細微的侵蝕溝，通常會有植被覆蓋；卡拉契則是受到侵蝕的陡坡，顯現出相當尖銳的山脊，和臺灣西南惡地的樣貌類似。比安坎和卡拉契形成的表面材料也有差異，比安坎在非常細的沉積物（黏土）中比較容易形成，黏土含量大約六五％～七〇％；而相對較粗的沉積物（砂質粉砂）則比較容易形成卡拉契，沙的比例大概有六％～十八％。

義大利南部阿利亞諾惡地是義大利文化遺產
圖片來源：© Mngon [Giuseppe Cillis], CC BY-SA 4.0, via Wikimedia Commons. There are no changes were made.

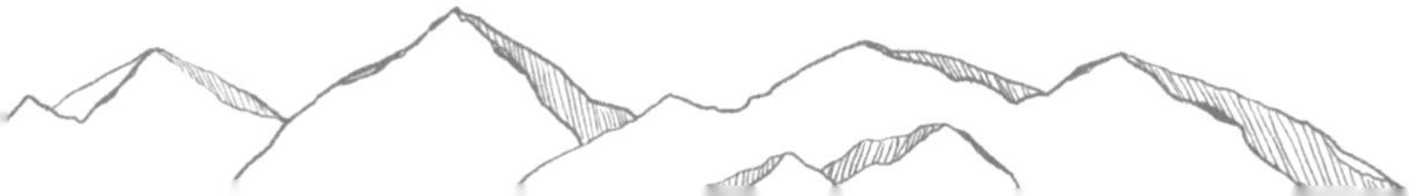

西班牙皇家巴德納斯（Bardenas Reales de Navarra，或簡稱 Bardenas）是一個半沙漠地區，延伸到西班牙納瓦拉自治區的東南部和阿拉貢的一部分，該地區是個自然保護區。巴德納斯的氣候是寒冷的半乾旱或草原氣候，降雨主要在秋季，並且會有暴雨，夏季和冬季相當乾燥。暴雨造成地表嚴重侵蝕，水沒辦法留在地底下。該處主要由黏土、硬砂岩和石灰岩組成，形成有溝壑的高原和孤立的山丘。由於不同岩石的硬度不同，造成比較軟的黏土被侵蝕得比較快，直到比較硬的砂岩底下被掏空，因而破裂。由於人類在巴德納斯種植了紅橡樹和松樹，因此原生植被的生長空間被壓縮。

紐西蘭

普唐伊魯阿峰（Pūtangirua Pinnacles，亦稱

西班牙納瓦拉惡地中的自行車手正往下坡騎乘
圖片來源：© Fmoron, Public domain, via Wikimedia Commons

紐西蘭普唐伊魯阿峰惡地是魔戒的拍攝地點
圖片來源：© Sarang, Public domain, via Wikimedia Commons

為 The Pinnacles）位於紐西蘭北島威靈頓地區奧倫吉山脈頂部。大概距今七到九百萬年前，當時的海平面比較高，而奧倫吉山脈則是個島嶼，隨著侵蝕堆積，在山脈南邊堆積了大型沖積扇，後來海水面上升後又下降，沖積扇受到侵蝕以後，留下了尖銳的山峰。許多尖峰都有明顯的凹槽，這是因為受到雨水侵蝕所造成的。電影《魔戒：王者再臨》中的亡者之道，有一部分場景就是在這裡拍攝的。

世界上各個惡地雖然位置不同，主要形成惡地地形地貌的原因都是原地層容易受到侵蝕而造成表土容易流失，而這些地層大多是以海相地層為主，受到抬升，再經風化侵蝕而形成。臺灣形成的年代雖然沒有像其他地區來得古老，但是在這座年輕的島嶼上卻有著如此特殊的地形地貌，更顯現出島嶼地質的複雜度。

3

西南惡地地景多樣性

惡地看似荒蕪一片，景色蕭瑟而單調，然而事實是，區域性的地質特性與氣候條件不同，往往造就出意想不到的多樣化景觀。

月世界家族

月世界的泥岩看起來總是帶有一點青灰色、淺灰色至暗灰色的感覺，乾燥的時候非常堅硬，甚至使用工具也不容易鑿透；但是一當豪大雨後卻非常容易崩塌，這種特性可能是因為泥岩裡有著大量的鈉離子，遇到大雨時，鈉離子會讓泥岩裡的顆粒容易分散，因此泥岩內的顆粒就隨著雨水流失。也因為泥岩裡有大量的黏土，這些黏土的顆粒相當細緻，透水性較差，容易將強降雨產生的流水導入裂隙裡，造成大片泥岩崩塌。

而月世界泥岩裡也含有氧化鎂和鹽類，這些物質偶爾會滲出泥岩表面沉澱，結成白色結晶覆蓋在泥岩地表，也因此造成月世界的泥岩會有些白色反光，在光照下形成一片晶白透亮的美麗景觀。

月世界裡不僅遍布青灰色、灰色的泥岩，上覆白色的結晶；泥岩裡有時也可以發現許多白色顆粒，這些白色顆粒大多是稱為「有孔蟲」的原生生物化石。有孔蟲生活在海裡，型態多變，目前按照外觀型態或基因可以分辨出數萬個種屬。依照有孔蟲的種屬分類，就可以指示過去海洋環境的變化，這些微小化石，不僅證實過去月世界泥岩是在海下形成，也述說著隨著造山作用，海洋環境一路從深水漸變成淺水，直到抬升出海水面，形成陸地的過程。

泥岩內藏有許多海洋環境的線索，有些白色塊狀岩石是各種不同種類的珊瑚、貝殼等化石，這都是曾經生活在海洋的生物遺留的痕跡，也見證了臺灣西南泥岩形成並且逐漸抬升的過程。

泥岩有灰白色鹽分，晚上月亮照射時會反光，形成白色大地，因此被稱為月世界。此為太陽谷。 攝影：許震唐

泥岩裡的有孔蟲。照片中白色點點就是有孔蟲，該照片的有孔蟲約 0.5-1 公釐。
攝影：吳依璇

參考資料：

1. 劉冠廷，〈古亭坑層泥岩土壤沖蝕性之研究〉，國立屏東科技大學碩士論文，2004 年。
2. 熊衍昕，〈高雄壽山地區岩心古亭坑層之底棲性有孔蟲研究〉，國立中山大學碩士論文，2005 年。

烏山頂泥火山是臺灣最知名、最高的泥火山。 攝影：陳士文

泥火山

古亭坑層之所以如此稱呼，是因為一開始發現的露頭是在古亭坑（高雄田寮區），而古亭坑也寫做古陳坑、鼓壇阬。古亭北邊靠近內門的應菜龍，以前也寫做甕菜陵、甕菜岑，音接近而字不同，這些都是從平埔族語轉變而來的。

古亭坑層的泥岩除了造成月世界惡地以外，由於當時的沉積物快速沉積，加上泥層裡有氣體，很容易就會形成泥火山。泥火山是由地下噴出地表的泥漿堆積、形成像是火山圓錐體的地形景觀。當岩層主要是泥岩組成，並且有足夠的水和氣體混合，讓泥岩呈現半液體狀

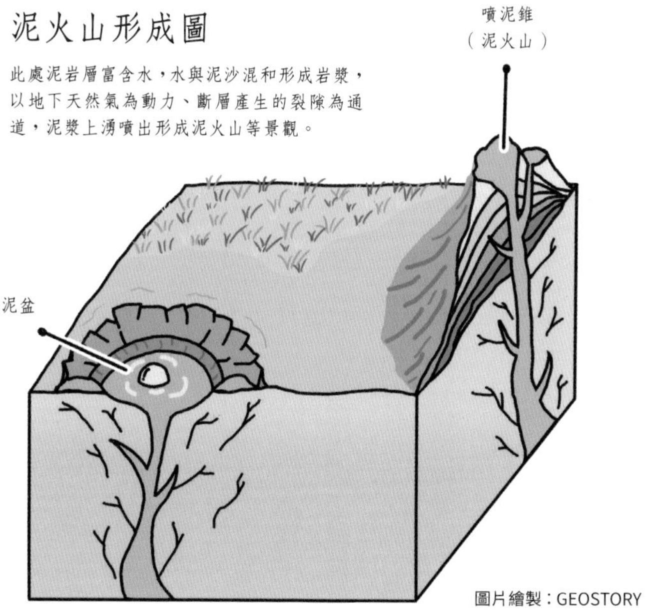

此處泥岩層富含水，水與泥沙混和形成岩漿，以地下天然氣為動力、斷層產生的裂隙為通道，泥漿上湧噴出形成泥火山等景觀。

圖片繪製：GEOSTORY

泥火山型態圖

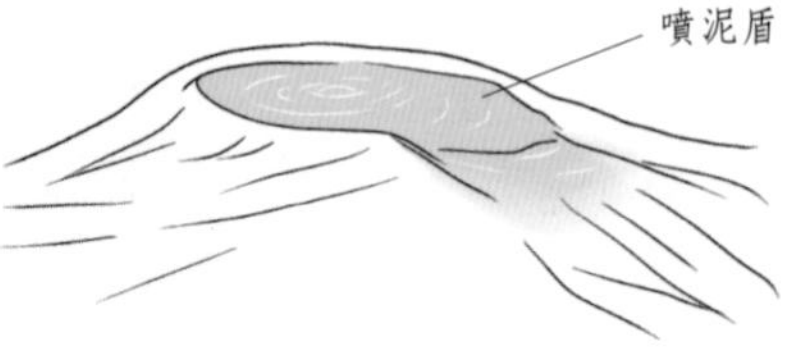

邊坡極緩，外型似盾狀。例如新養女湖。

泥漿含水量低、黏稠度高、夾雜粗粒碎屑，長久堆積在噴出口，而使錐狀土丘愈長愈高，常可高達數公尺，其邊坡多險陡。例如烏山頂泥火山。

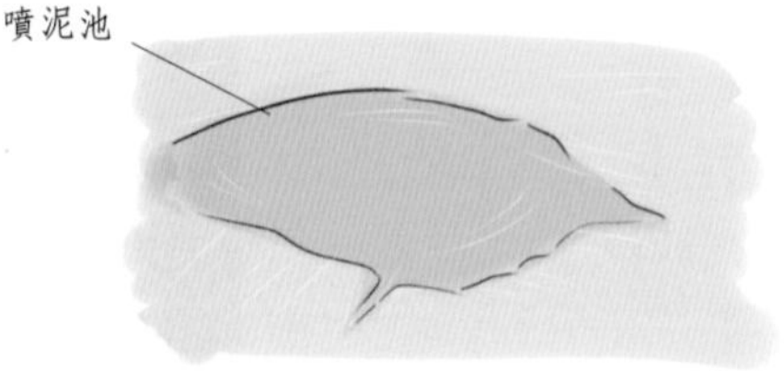

泥漿含水量高，噴泥口不大，在窪地處汩汩流動外溢，常成一灘泥池。例如大滾水泥火山。

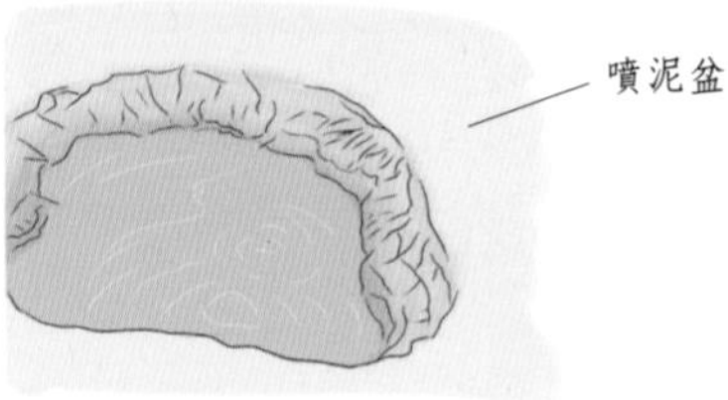

邊坡非常平緩，且噴泥口大，外型像是裝了水的臉盆。例如小滾水泥火山。

資料來源：蘇淑娟等著，《帶你去月球：高雄泥岩惡地地質公園》（臺北：國立臺灣師範大學，2021 年）

態，加上岩層中有裂隙造成噴出的通道，以及大地應力的擠壓讓泥漿可以向上噴出到地表，就容易形成泥火山。因此泥火山的形成條件有三：泥漿、地底的高壓氣與水層和連到地表的裂隙。最有名的泥火山是「烏山頂泥火山」。

如果是泥漿比較濃稠的情況，就比較容易形成泥火山；但是泥漿水分較多而比較稀的話，則容易形成噴泥池，例如新舊養女湖、大小滾水等處。

烏山頂泥火山是全臺灣最高的泥火山，由於地底下的氣體沿著旗山斷層造成的裂隙將泥漿推到地表，於是在地表形成一個像火山的泥火山；泥火山受到雨水侵蝕後，會降低高度。有些泥火山的山

噴泥盾

噴泥錐

攝影：陳士文（右上）、王梵

噴泥池

噴泥盆

錐上偶爾會有小的噴口出現，但是噴發量、噴發時間長度、噴發頻率目前還沒有一定規則，因此不同時間造訪的話，往往會看見不同樣貌。泥火山按照邊坡陡峭的程度可以分成：錐狀泥火山、盾狀泥火山和噴泥盆。如果沒有明顯邊坡的泥火山則會按照噴泥口的直徑大小分成噴泥池和噴泥洞。

多元地貌

在泥岩惡地，剛噴發完的泥漿受到日曬之後，會呈現灰白色，並且體積會往內縮，導致表面上呈現龜甲狀的龜裂，這種現象稱為泥裂，在沉積岩中可以指示岩層的上下位置，尖端的方向即是朝上的方向。

惡地地形裡除了常見的龜裂以外，有時大雨過後，地表逕流不斷沖刷，侵蝕比較脆弱的泥岩，在地表下沖刷出一條條隧道，當隧道口崩塌，就會形成潛水洞。一旦隧道愈來愈大，在上的泥岩只剩下圓弧狀的拱橋，這種特徵稱為天然拱橋。另外，如果脆弱的泥岩有樹葉或砂石覆蓋，久而久之，沒有覆蓋到的地方被侵蝕掉，受到覆蓋的地方遺留下來，便形成一根

滾水坪泥火山的泥裂
攝影：陳瑞珠

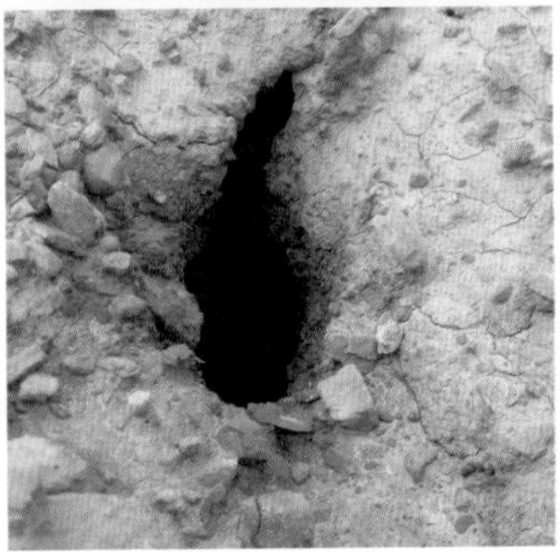

天然拱橋（上）與潛水洞（下）
攝影：陳士文

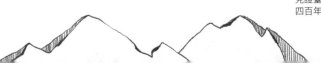

臺灣哪兒有泥火山？
（Mud volcano）

臺灣陸上泥火山主要分布於西南部之古亭坑背斜軸附近、旗山斷層沿線、觸口斷層沿線及高屏平原區，以及東部海岸山脈。

東部海岸山脈之羅山泥火山，位於利吉混同層和都巒山層的界面，可能和兩者界面之斷層有關，另一雷公火泥火山位於木坑溪斷層附近，其形成也和斷層有關。因此，陸上泥火山之形成原因主要與斷層或褶皺作用有關，富含甲烷氣的泥質流體沿著斷層或背斜軸部之地層裂隙往上流竄至地表噴發，形成泥火山。如果缺少充足之地下水源，無法形成泥漿，則僅有天然氣沿地層裂隙上竄到地表，形成如南化、恆春的出火，臺南關子嶺之水火同源等特殊景觀。

關於海底泥火山（submarine mud volcano），主要分布於西南外海高屏上部斜坡，海底泥火山之成因主要和泥貫入體的發育有關，海床沉積物下方一旦發生泥貫入體的侵入作用，所伴隨富含甲烷氣的泥質流體，容易再沿著上方的裂隙向上流竄而在海床噴出或溢出，泥質物沿著噴出口逐漸堆積而形成海底錐狀泥火山。

參考資料：

1. 王鑫，《泥岩惡地地景保留區之研究》（臺北：行政院農業委員會，1988 年）。
2. 王鑫、徐美玲、楊建夫等，〈臺灣泥火山地形景觀〉，《臺灣省立博物館年刊》第 31 卷，1988 年，頁 31 ～ 49。
3. 洪于喬、宋國城、陳彥傑、張鴻成，〈古亭坑背斜活動區泥火山群噴發活動之研究〉，《中國地質學會九十五年年會暨學術研討會大會手冊及論文摘要》，2006 年，頁 227。
4. 陳松春，〈臺灣西南海域高屏上部斜坡之逸氣構造和天然氣水合物賦存關係之研究〉，《經濟部中央地質調查所一〇〇年度自行研究計畫報告》，2011 年。
5. 陳松春，〈臺南背斜及中洲背斜之泥貫入體特徵及後甲里斷層型態探討〉，《經濟部中央地質調查所一〇九年度業務成果發表會手冊》，2021 年，頁 9。
6.Lin, A.T., Yao, B., Hsu, S.K., Liu, C.S., Huang, C.Y. (2009) Tectonic features of the incipient arc-continent collision zone of Taiwan: Implications for seismicity. *Teconophysics*, vol.479, p.28-42.
7.Shih, T.T. (1967) A survey of active mud volcano in Taiwan and a study of their types and the character of the mud. *Petroleum Geology of Taiwan*, vol.5, p.259-311.
8.Yang, T.F., Yeh, G.H., Fu, C.C., Wang, C.C., Lan, T.F., Lee, H.F., Chen, C.H., Walia, V., Sung, Q.C. (2004) Composition and exhalation flux of gases from mud volcanoes in Taiwan. *Environ Geo*, vol.46, p.1003-1011.
9. 經濟部中央地質調查所網站
https://twgeoref.moeacgs.gov.tw/GipOpenWeb/wSite/ct?xItem=143331&ctNode=1233&mp=105

一根指向天的手指樣貌，這種特殊現象稱為土指。在高雄內門就有一處「尪仔上天」的景點，該處也是因為惡地地形發達，而遍布土指這種地表特徵。

滾水坪泥火山位在高雄第一科技大學燕巢校區北側約一公里處，俗稱滾水山。西元一九三〇年，日本總督府頒布《史蹟名勝天然紀念物保存法》以保存當時的人為建物、遺跡、動植物與礦物等；一九三三年，隸屬於高雄州岡山郡燕巢庄的橋子頭泥火山正是第一波獲得指定保存的天然紀念物。時至今日，這座天然紀念物仍在噴發，就是滾水坪泥火山，然而已經沒有錐狀泥火山的樣子，周圍時而流出的泥漿和違法傾倒的廢棄物雜陳，只能發現一兩處緩緩流出泥漿的孔洞。相較於日治時期的泥火山面積，現在面積大約是當時的四分之一。

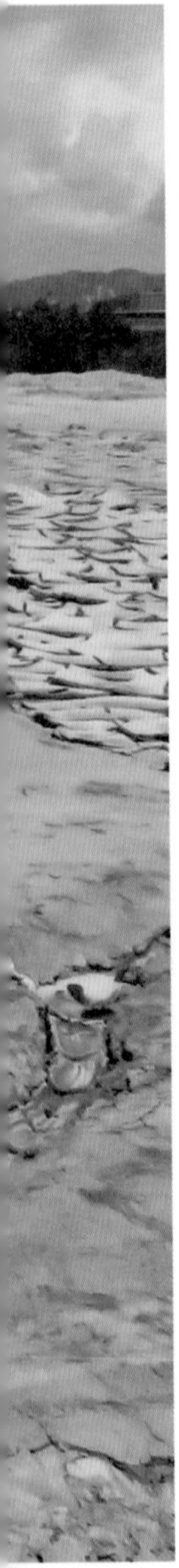

高雄內門的巨型土指猶如尪仔上天　攝影：蘇淑娟

內門鄉誌中的尪仔上天樣貌
圖片提供：龔文雄、蕭燦輝等著，《內門鄉誌》（高雄：內門鄉公所，1993 年）

滾水坪泥火山　攝影：林月靜

燕巢區有座雞冠山，因為外型類似雞冠而得名。雞冠山主要為石灰岩，由貝殼、珊瑚礁等所組成，在山壁上也可以看到這些碎屑。雞冠山的形成原因主要是受到差異侵蝕，周圍的泥岩被侵蝕掉，只留下像雞冠的石灰岩。

此外，在岡山區的大崗山和半屏山，都是因泥岩隆起後，讓珊瑚礁凸出於地表。由於是珊瑚死亡形成的珊瑚礁，所以主要組成是石灰岩，從一九六〇年起開始採石灰岩生產水泥，直到一九九七年左右才終止。

雞冠山壁上可見貝殼化石鑲嵌其中
攝影：陳士文

雞冠山的形成環境

古亭坑層內有單體六射珊瑚、貝類、有孔蟲、介形蟲和苔蘚蟲的化石，這些化石的生活環境，是在比較深的半封閉式海灣內。雞冠山的岩壁上，可以發現這些化石碎片，比較靠近山腳的地方碎屑較完整，山頂的碎屑則變得相當細。較為破碎細小的化石碎屑可能是因為由颱風、強降雨造成的強力水流從海裡的邊坡帶至該地形成。按照這些化石的種屬和樣貌，可以得知雞冠山形成的環境是很近岸、會受到風暴影響的淺海。

參考資料：
1. 林廷潔，〈高雄縣雞冠山石灰岩體內貝類化石研究〉，國立成功大學碩士論文，1998 年。
2. 胡忠恆、陶錫珍，〈台南縣左鎮鄉附近下部古亭坑層（上新世）產一新種單體六射珊瑚及其生態環境之研究〉，《地質》第 4 卷第 1 期，1982 年，39-46 頁。

外型似雞冠的燕巢雞冠山　攝影：陳士文

大崗山過去曾是淺海大陸棚的珊瑚礁　攝影：陳瑞珠

大崗山的石灰岩　攝影：陳士文

大小崗山的石灰岩地質與礦產開發

大崗山與小崗山主要都是以珊瑚礁體為主的石灰岩，也曾經為石灰岩礦場，這兩大塊珊瑚礁岩覆蓋在泥岩層上，按照航照的資料判斷，認為在大小崗山的西側有一條小崗山斷層，但是目前還沒有非常確定的證據可以證實。而覆蓋在泥岩層上的珊瑚礁岩為什麼就這樣凸了起來？按照現今資料認為應該是受到大地應力的影響，底下的泥岩層不斷受到擠壓，泥層不斷緩慢向上推擠，以泥貫入體（參考 82 頁）的方式向上隆起，受到擠壓的地層形成了大崗山背斜。

看起來像是分開的大崗山和小崗山原本是同一大塊珊瑚礁岩，但是中間受到河流侵蝕才將兩塊山頭分開。按照地球物理的資料顯示，目前小崗山斷層應該還持續活動中，但是是以非常緩慢移動的方式活動，比較不容易產生劇烈且快速的方式錯動，也不易累積能量，因此相對較不會有地震災害的危機。

日本治理後期臺灣開始有了一系列的礦產開發與經營，大小崗山也成了其中開採石灰岩石材的地點之一。一開始大崗山的石灰岩被用來製作建築、農業的石灰，接著小崗山的石灰岩也被用在製作水泥上。但是開採石材需要使用大量炸藥炸山，對於周邊居民造成相當大的困擾，因此在 1997 年停止開採。開採石灰岩的工作對於環境會產生無法恢復的破壞，後續礦業公司進行一系列的植被復育，或規劃成生態園區進行綠化。

大小崗山由於地勢相對較高，視野極好，可以俯瞰高雄平地，因此從日本時期就規劃成軍事要塞，在山上也有設置雷達站，戰後國民政府接續大小崗山的規劃，設為軍事管制區。為了軍事安全，政府皆有限制當地居民進出或者耕作，造成與當地農民之間的衝突。1996 年以後，大崗山除了軍事雷達站有管制外，其他地方已逐漸開放；小崗山也在 1997 年以後開放，不再管制，和當地居民的衝突也隨之減少了。

參考資料：

1. 翁群評，〈小崗山斷層及其附近構造〉，國立中央大學碩士論文，2007 年。
2. 傅昭明，〈小崗山斷層之淺層反射震測與鑽井資料研究〉，國立中正大學碩士論文，2009 年。
3. 許玲玉，〈地景復育技術規劃理論與實務之研究——以壽山、大崗山為例〉，國立成功大學博士論文，2013 年。
4. 王嫵茹，〈大、小崗山及其周邊空間的歷史變遷〉，國立臺南大學碩士論文，2011 年。

馬頭山位在內門、田寮與旗山的交界處，由於看起來像一匹馬，因此得名。如果從田寮往旗山方向看去，該座山像是古代銀錠，因此又稱為銀錠山。

馬頭山位於高雄內門、田寮與旗山交界處，因狀似駿馬而得名。 攝影：蕭禾秦

馬頭山傳說

傳說中馬頭山原本是白馬神，白馬神常常利用夜晚四處遊玩。曾經有次當地的稻米要準備採收時，農夫發現稻米全部被踐踏壞了，並且發現許多的馬蹄印，按照腳印尋找，最後走到了馬頭山，於是當地農夫相信是白馬神跑出來偷吃稻米造成的。而居住在馬頭山腳下的村民以前都是靠挑水過活，挑來的水放置在水缸裡面備用，但是過夜之後水就全不見了。村民覺得疑惑並將水缸上綁了紅線，隔天發現水缸裡的水也都不見了，村民便四處搜尋，最後在馬頭山的石壁上找到。這些傳說故事其實仔細想想應該都有其事蹟，但是肇事者的可能是馬頭山上的生物們。

由於馬頭山是周圍地區的高處，加上水源供給穩定，因此山上有茂密的原生刺竹林，甚至有原生的厚圓澤蟹，以及以厚圓澤蟹為主食的食蟹獴、白鼻心、大冠鷲和穿山甲等。在一片惡地中會有如此穩定且豐富的生態資源，主要是因為有穩定的水源。在古亭坑層中，不僅有大量的泥岩，在泥岩中也會夾雜一些砂岩，而這些砂岩的剖面大多呈現凸透鏡的樣貌，因此被稱為「透鏡體」。馬頭山就是由透鏡體砂岩組成，除了馬頭山是透鏡體以外，附近還有龍船透鏡體、雞南山透鏡體，分別位於臺南左鎮和燕巢區崎溜山。馬頭山的砂岩因為透水性比泥岩好，下雨時雨水不會像泥岩一樣沿著地表流失，而會進入到砂岩體內，因此比較容易保存水分。

馬頭山地質相當獨特，是透水性佳的砂岩透鏡體。 攝影：黃惠敏

斷層交會處

受到大地應力的影響，古亭坑層形成的過程不斷被擠壓，抬升的過程形成不少斷層，像是旗山斷層、平溪斷層、龍船斷層、古亭坑斷層、橋子頭斷層和應菜龍斷層等，其中最有名的就是旗山斷層。

高雄燕巢區的中寮隧道北口位在古亭坑層泥岩上，北口到隧道中段則為烏山層砂頁岩，中寮隧道南段至隧道南口路段則是蓋子寮頁岩。隧道北口附近有旗山斷層和車瓜林斷層通過，車瓜林斷層位於旗山斷層西北側約五百公尺處；而旗山斷層通過中寮隧道北口路段，沿烏山層砂頁岩與古亭坑泥岩之間產生斷裂移動。當初高速公路在建設的時候，旗山斷層屬於存疑性活動斷層，後來經濟部中央地質調查所多次調查後，證明該斷層在一萬年內曾有活動，因此在二〇〇〇年，將旗山斷層分類成第一類活動斷層，也就是過去一萬年內曾活動的斷層。

自一九九〇年開始通車以來，幾乎每隔三、四年就要維修隧道北段，包含整平路段、改善積水及排水等問題。由於該地區的地殼水平及垂直地殼速度變化比起菲律賓海板塊擠壓的速度來得快，推判可能是有區域性的構造造成位移速度變化，目前部分學者認為應該是泥貫入體不斷快速抬升所致，也有學者認為是因為含水而變得較軟的古亭坑層泥岩受到東南側相對較堅硬的烏山層的擠壓，因此讓泥岩和地下水往上移動，但是大部分的學者則認為是車瓜林斷層潛移造成中寮隧道北段岩層的變形，使得路面凸起，造成行車不便；二〇一九年隧道口後退一百八十公尺，將斷層帶周圍的隧道拆除，希望藉此減少斷層位移造成隧道與橋梁的影響。

西南泥岩惡地區的斷層分布

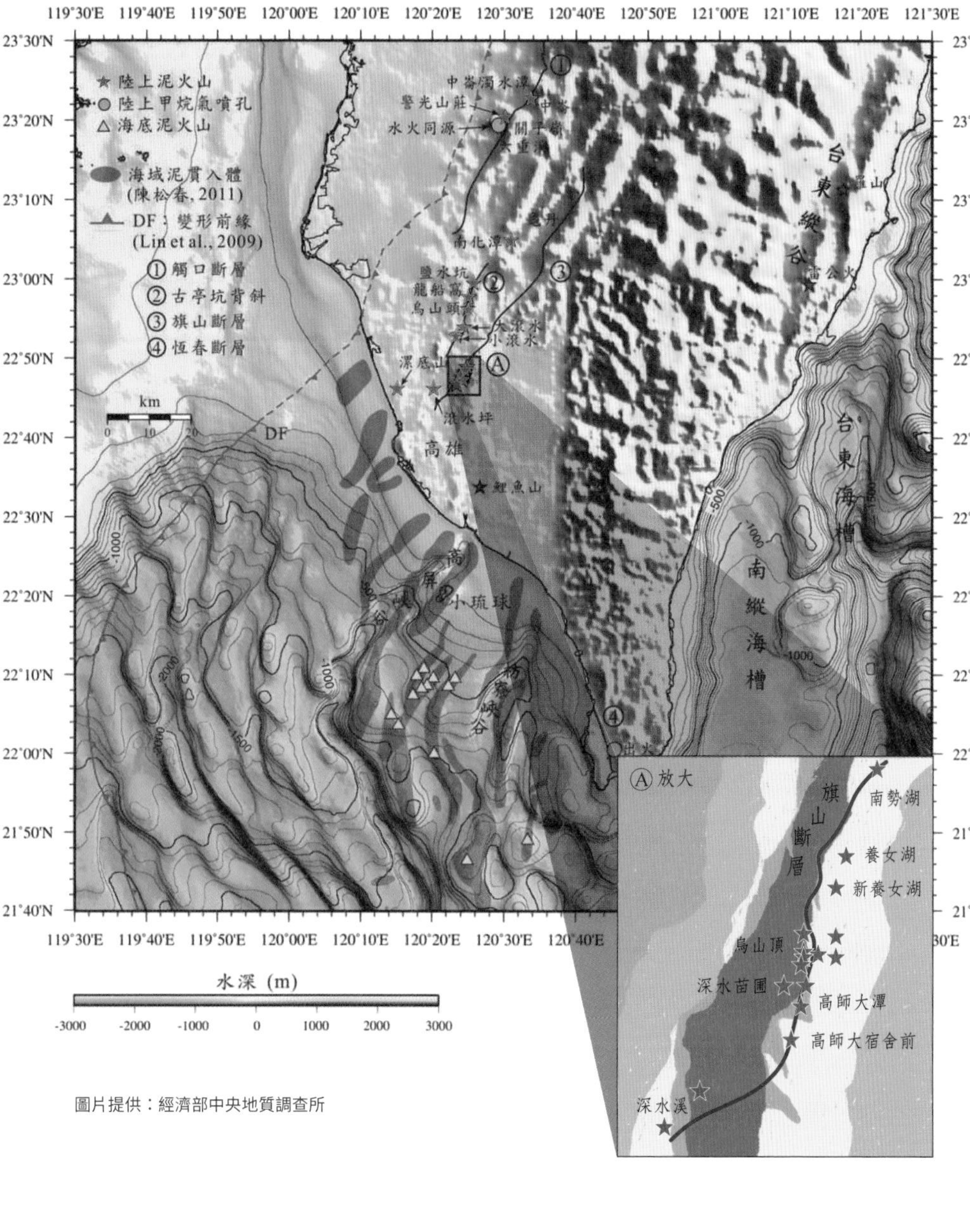

圖片提供：經濟部中央地質調查所

泥貫入體形成機制及其與泥火山關係

甲烷氣從地底深部沿斷層向上移棲，流體及泥質物向上流竄，貫入上部地層中。覆蓋層如有裂隙或斷層，泥質物可沿裂隙往上流竄，於海床噴出，逐漸堆積形成泥火山。

泥貫入體是因海底快速沉積作用，造成泥質沉積物內之水分緩慢排出；或沒有足夠時間來不及排出，而上覆之沉積物荷重，造成深部砂岩層的孔隙水壓力增加，形成高壓現象；後來因大地構造的擠壓力、斷層作用，使得深部的泥質沉積物隨著高壓水與甲烷氣體流竄貫入上部地層中，上部地層會上拱形成背斜構造稱之。泥貫入體作用常伴隨有大量水體及甲烷氣。泥貫入體形成之原因，除了具備泥質物質、快速沉積作用造成高孔隙壓力及含氣體等條件外，大地構造作用（壓力）提供流體移棲通道及促進竄動力，也是泥貫入體形成相當重要的機制之一。

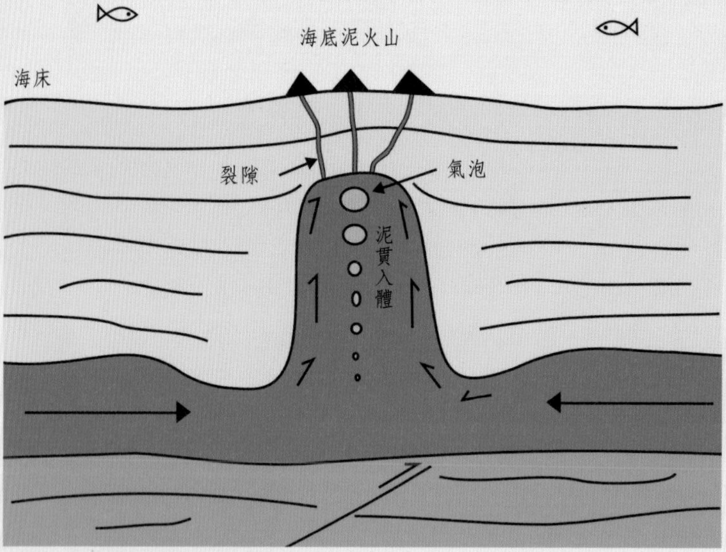

泥貫入體形成機制及其與泥火山關係示意圖

圖文資料來源：陳松春，〈泥貫入體〉，檢自經濟部中央地質調查所網站 https://twgeoref.moeacgs.gov.tw/GipOpenWeb/wSite/ct?xItem=143333&mp=105&ctNode=1233。圖片於 2011 年改繪自 Kopf, 2002。

惡地訴說著大地的歷史，也留下人的足跡。 攝影：梁偉樂

臺灣的大地構造相當複雜，島嶼形成過程讓各處惡地各具特色。西南部泥岩惡地是一大片海裡堆積的泥被快速抬升所形成；臺東利吉惡地像是被大量斷層剪切過，還有外來岩塊和河流沉積物等。在惡地上生活的人們，除了必須瞭解惡地的特性以外，還要順應這些特性而生存。

愈深入這片土地，愈能理解這些地形地貌與島嶼生成息息相關，這些惡地可說是見證了臺灣的形成，並在它們身上留下造山殘存的遺跡。連綿不絕的惡地所孕育的故事，不僅串接了過去大地的歷史，也接續了人類在這片土地上發展的生活。

注釋

1 許靖華，《古海荒漠：地中海默默守著的大祕密》（臺北：天下文化，一九九三年）。

2 地層柱，又名地層柱狀圖，是將一個地區的全部地層按照其年代順序、地層層序、地層厚度、岩性特徵，接觸關係等資料編製成的圖件。

參考文獻：

1 Farifteh, Jamshid and Soeters, Rob. 'Origin of biancane and calanchi in East Aliano, southern Italy' ,*Geomorphology* Volume 77, Issues 1–2,(15 July 2006), 142-152. See https://www.sciencedirect.com/science/article/abs/pii/S0169555X06000080，Copyright 2006 Elsevier B.V. All rights reserved.

2 參閱美國惡地國家公園網站 https://www.us-parks.com/badlands-national-park/geology.html，二〇二二年三月檢閱。

3 參閱蒙大拿州政府中文旅遊介紹 http://www.montana-chinese.org/chinese.pdf，二〇二二年三月檢閱。

4 參閱阿根廷伊沙瓜拉斯托公園官方網站 https://www.ischigualasto.gob.ar/en/，二〇二二年三月檢閱。

5 參閱西班牙皇家巴德納斯保護區官方網站 https://bardenasreales.es/，二〇二二年三月檢閱。

6 參閱紐西蘭普唐伊魯阿峰官方網站 https://www.doc.govt.nz/parks-and-recreation/places-to-go/wairarapa/places/putangirua-pinnacles-scenic-reserve/things-to-do/pinnacles-track/，二〇二二年三月檢閱。

7 參閱加拿大安大略省切爾藤姆惡地保護協會官網 https://cvc.ca/discover-our-parks/the-cheltenham-badlands/，二〇二二年三月檢閱。

8 參閱美國內政部國家公園管理局網站 https://www.nps.gov/badl/index.htm，二〇二二年三月檢閱。

9 參閱馬科施卡州立公園官網 https://fwp.mt.gov/stateparks/makoshika，二〇二二年三月檢閱。

10 約翰・艾略特（John L. Eliot）撰文，〈惡地傳奇：孤山、奇岩、草原海〉，《國家地理雜誌》中文版，二〇〇四年四月號，頁七六至九三。

11 參閱交通部交通新聞稿，二〇二〇年，https://www.motc.gov.tw/ch/home.jsp?id=14&parentpath=0,2&mcustomize=news_view.jsp&dataserno=202004040002&toolsflag=Y，二〇二二年三月檢閱。

12 參閱高雄市政府文化局、高雄市政府教育局、高雄市立歷史博物館網站 http://crh.khm.gov.tw/khstory/。

13 參閱高雄泥岩惡地地質公園網站 https://badland-geopark.tw/home/takau/。

14 參閱國家自然公園管理處，〈馬頭山地區資源調查計畫成果報告書〉，二〇二一年。

15 參閱高雄市政府，〈高雄泥岩惡地地質公園評估報告〉，二〇二一年。

16 張哲維、黃煥彰撰文，〈世界級特殊自然地景——臺灣泥岩惡地的獨特性〉，二〇一八年六月四日發表，《看守臺灣》

網站 https://www.taiwanwatch.org.tw/node/1287，二〇二二年三月檢閱。

17 劉閎逸，〈初探：月世界上的惡山水與新天地〉，臺灣大學地理學系臺灣地形研究室，《地景保育通訊》第五十二期，二〇二一年六月，頁十四至十八。

18 郭麗秋、林建緯、黃俊翔，〈一片美好：臺灣西南泥岩惡地〉，經濟部中央地質調查所，《地質》第三十八卷第一期，二〇一九年，頁五四。

19 黃鑑水，〈臺灣西南部的月世界〉，經濟部中央地質調查所，《地質》第二十六卷第四期，二〇〇七年，頁六〇至六七。

20 莊文星，〈由紅層地貌談火焰山與火炎山（二）——苗栗三義火炎山〉，國立自然科學博物館，《館訊》第二七七期，二〇一〇年。參閱網站 http://edresource.nmns.edu.tw/ShowObject.aspx?id=0b81a1f92d0b81da1ee00b81e26cf1。

21 邱奕維、藺于鈞、黃文正、顏一勤、波玟琳、李元希，〈臺灣西南部中寮隧道北端口旗山斷層帶構造特性研究〉，《經濟部中央地質調查所特刊》第三十四號，二〇一九年，頁八三至一〇〇。

22 劉閎逸，《惡地裡的生存機制—以高雄田寮泥岩區的水資源利用變遷為例》，國立臺灣師範大學地理研究所碩士論文，二〇二二年。

23 林俊全，《火炎山自然保留區地形變遷監測計畫》，林務局新竹林區管理處委託，臺灣大學地理環境資源學系執行，二〇一六年。

24 高百毅，《土石流舌狀堆積特性之探討》，國立中興大學水土保持學系所碩士論文，二〇一〇年。

Part III 文明的碰撞

四百多年來，島嶼西南一帶跨海而來的外地人持續移入，平埔族向山區遷徙，漢族大舉移墾，一波波人群在惡地不斷遷流。隱身在山凹林蔭間的水塘群，彷如惡地中的點點微光，無聲地映照著日夜上演的生機。

撰文／劉閎逸

本頁圖片提供／高雄市政府農業局

淺山水鏡

散布山野間的水塘群，猶如一面面大自然的鏡子，從日夜到四季，隨著頭頂陽光的軌跡移走，映現著周遭環境的時序變化與變遷歷程。有水埤塘的惡地是迷人的，環景綠意揉合著硬派的瘦脊雨溝，在這片奇幻的異域空間中，帶出了水與人之間共存共生的糾結。

走入月世界，揭開水塘真相

從臺南至高雄的平原邊界淺山一線，有著臺灣島上最遼闊的裸露泥岩山地，年復一年、日夜無聲地盛接著上天給予的日曬、雨淋、風吹，以及地震的洗禮。

荒山惡地，窮山惡水——大多數人們對於這片僻處島嶼西南平原與中央山地之間的大面積裸露坡谷，似乎已有了普遍的印象。走進著名的月世界風景區，險峻山脊毫不保留地占據眼前，陣陣謎樣的低鳴聲從林間遠處傳來，蜿蜒河道分秒切割著軟弱的泥岸。當大雨降臨，滾滾泥流隨著雨水從地底湧現，日夜未息的泥漿氣泡，吐露著不知深處的地底滋味。

惡地山野間的寂寥綠意　攝影：許震唐

天上眾神明，看似把所有最差的命運都處置在這一千多平方公里的土地上了。這片面積不足島嶼百分之三的表土，北起臺南草山月世界，南至高雄田寮與燕巢太陽谷等地，接力串連起草木難生、以惡地異境馳名的月世界景觀。

夏日時節，驅車行駛在田寮村落之間，蜿蜒車道上難得見到一部相會的車輛，偶有幾座水泥樓房與紅磚瓦厝相依坐落在道路旁，時間彷彿靜止在空氣之間。即便有綠意覆蓋，生長其間的竹木花草，在南臺灣特有的乾燥氣候籠罩下，似乎總顯得精神不濟。

崎嶇惡山之間，雖景色蕭蕭，極度寂靜，卻仍潛藏生機。曲折的山路，伴隨著林木枝條交互摩挲的聲響，稍一留心，就可聽見啾啾的鳥鳴蟲叫聲環繞在寧靜的山間谷地，頓時讓背負著人間俗事的旅人感到分外的輕鬆而自由；運氣好些，還可望見隨著上升氣流盤旋的猛禽大冠鷲，肆意地在頭頂高空不遠處，昂揚展開雙翼，聲聲嗷嗷長嘯，似乎在警告著天空下的獵物們趕緊注意，否則必然是一番飽餐與死別相送的糾纏。

被人們稱為惡地的山水之間，猛禽的出現代表此地生態多樣性與生物族群量的穩定，掠食者似乎早已明示這處惡地並不惡，反倒存在著充足豐富的自然生態系。

旅人來到月世界，目光可能多被龐然粗曠且崎嶇裸露的大片灰白色山坡所吸引；焦點若稍微轉移，就可發現，惡地山野轉彎處，總能與池池水塘相遇；山色若有湖光水影相襯，更收靜謐絕美的風情。「荒山水鏡倆徘徊，林邊翠綠總纏綿。」山野間的水塘，彷彿是靜謐惡地發出的點點微光，內心平日無語的詩意，似乎也自然而然地詠嘆而出。

在惡地長達半年以上的乾燥缺水季節裡，隱身在山凹林蔭間的水塘群，正無聲地映照著惡地內日夜上演的美麗生機。點閱 Google Map，西南惡地環境裡的水塘數量超乎想像，大小不一的水埤塘散落在廣闊崎嶇的泥岩丘谷間，其中又以高雄內門與田寮二地的數量最為繁多，且多有集中分布的空間熱區。[1]

為何水塘集中在內門與田寮？而這些散落在惡地裡的水塘透露著什麼訊息？懷著這樣的好奇，我開始以田寮泥岩區為範圍，展開一場探訪惡地水塘的行動。

田寮月世界地形被歸類為臺灣地質層裡的古亭坑層，地表直接可見的範圍北起臺南左鎮，經龍崎、田寮，南至中寮山與燕巢東北的烏山頂泥火山一帶；四周相對高聳的龍船山、馬頭山、中寮山、大崗山與新化丘陵，以順時針方向排列，正好圍繞著古亭坑層的可見範圍。

以厚層泥岩為主的古亭坑層，自日治初期導入現代科學技術的地質調查以來，

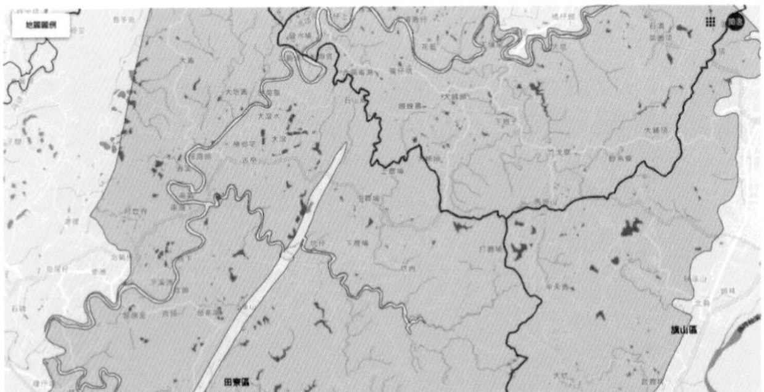

透過 google map 的數位地圖與衛星照片，可發現西南惡地中的田寮水塘群數量相當多。
圖片提供：劉閎逸

曾文溪、二仁溪、阿公店溪流域簡圖／古亭坑層簡圖

參考資料來源：經濟部中央地質調查所《臺灣地質圖－五十萬分之一》，2000 年。
陳文山、林啟文編製，〈臺灣地質圖四十萬分之一〉，《臺灣地質概論》（臺北：中華民國地質學會，2016 年）。
水利署河川分布圖網站。
繪製：吳貞儒

一直都是熱門的地質地形研究區，區內大致呈現東南高，西北低的地勢，深受泥岩影響的主要河川有

三：菜寮溪、二仁溪與阿公店溪。

發源於龍船山脈西側的菜寮溪，流經左鎮全境後，匯流入曾文溪主流；發源自內門的二仁溪，沿龍船山東側向南沖積出內門盆地，於內門觀音亭紫竹寺前轉向西南，蜿蜒曲折地切割出河道，一路匯聚田寮境內泥岩區的大小支流後，在近大崗山東北端點的崗山頭（現：田寮交流道）再變向轉西北，流入

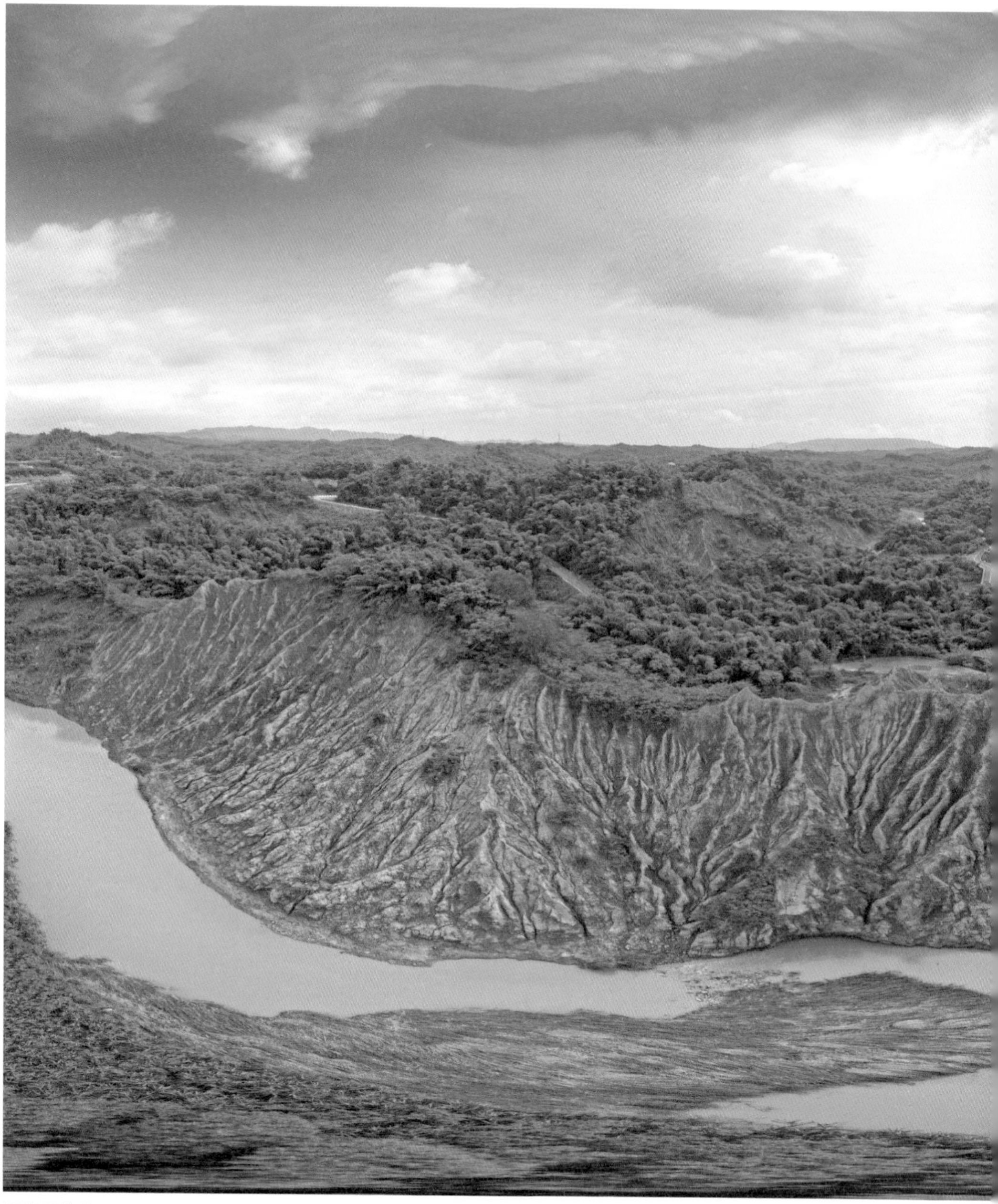

泥岩惡地曲流發育良好，此為二仁溪，泥岩是使河道變遷最重要的因子之一。 圖片提供：高雄市政府農業局

曲流與牛軛湖演育圖

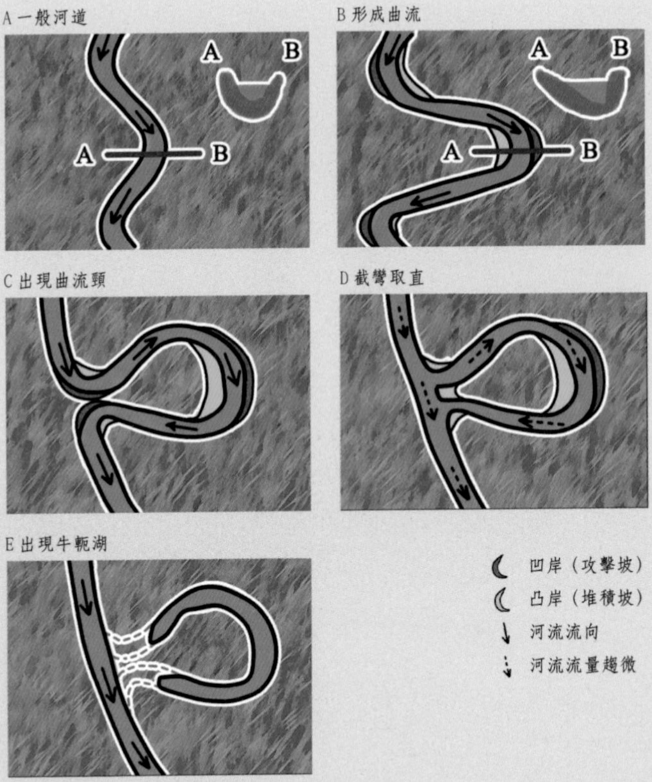

當河流從山地丘陵進入緩坡或平原，水流變得較緩慢，若遇到岩層軟硬不同或地面傾斜等因素的影響，河道因而呈現彎曲型態，即為「曲流」。

在河道彎曲處，因兩岸水流流速與能量不一，一側受到較急水流的侵蝕而出現後退或凹岸，稱為**攻擊坡**；另一側則因水流較緩、河床比較平淺、堆積相對較盛，是為凸岸，又稱**堆積坡**。由凹、凸兩岸共同形成的蜿蜒河段地形，稱為「**曲流**」。

牛軛湖是曲流再演化後，遺留的地形。當河川部分河段曲率日益增加，曲流頸日益縮小，最終被自己產生的新河道切穿，這種截彎取直的改道現象，稱為「河道襲奪」。而河流改道後，舊有的曲流頸獨立出來，淤塞積水形成半月型水塘，就稱為「牛軛湖」。二仁溪流域曲流發育旺盛，以大滾水的牛軛湖最具代表。

資料來源：蘇淑娟等著，《帶你去月球：高雄泥岩惡地地質公園》（臺北：國立臺灣師範大學，2021 年）。

阿蓮、仁德的平原地形，終於湖內、茄萣而入海。阿公店溪則發源自中寮山的千秋寮（烏山頂泥火山）一帶，源頭支流被稱為濁水溪，挾帶豐厚的泥沙進入阿公店水庫，這導致水庫自一九五三年落成啟用以來，始終擺脫不了嚴重淤積的命運。

穿越西南泥岩惡地的三條河川，搬運著河道中上游的豐沛泥沙，在惡地範圍內形成一道一道迂迴百轉的曲流與密集的河道網絡，雕塑著惡地今日引人注目、綿延數公里的大面積裸露奇景，在地人有「仙人撒網」的風水之稱。

全球諸多古文明的命運，多與大河氾濫共存；而為人類帶來災害的環境，往往也帶來富庶社會的發展契機，惡地亦然。惡地河川下游的人們，四百年來受惠於大量泥沙的搬運，使得昔日的濱海潟湖成為如今的臺南與岡山平原——南臺灣人口與產業發展的重鎮。而中上游的泥岩區，卻持續受到坡地沖蝕崩落的地形運動影響，居民不得不發展出適應地利的營生方法，方可落戶，安身立命。

此外，影響人們營生的另一個重要因素，是來自天上的雨。雨，是雕塑惡地生活面貌的主要推手。臺灣西南部降雨分布季節極端不均，使得深居惡地的人們，勢必得因應天時，確保水源儲存，才有安住長居的基礎。

這裡的年降雨量平均近兩千公釐，比起全球年降雨量平均值九百公釐高出許多。降雨量多，怎麼可能缺水？的確，以田寮月世界為中心的惡地環境範圍來說，並非缺水，而是留不住水。

緻密的厚層泥岩不如疏鬆的沖積土層，或顆粒較粗的砂岩層，泥岩缺乏結構化的空隙，無法給出蘊涵地下水體的充沛空間；加上惡地泥岩的鹽鹼度高，不利植物生長，導致泥岩外層的表土層淺薄，表土可蘊藏水分的孔隙也不多。

今日的泥岩區，降雨集中在梅雨季、六到八月的強大熱對流，以及颱風季帶來的大雨大水，這期間，經常可見河水快速暴漲，短延時強降雨挾帶裸露邊坡的泥沙，急速地沖刷到河道裡，形成滾滾泥沙奔騰的河流。位處崗山頭的二仁溪主河道崇德橋測站，只要豪大雨一到，經常得透過即時監視器觀察水流是否即將漫過橋面，隨時要進行預警性封閉，確保橋梁交通的用路人安全。而入秋之後直至隔年清明，這半年時常百日無雨，連主河道的流水量都氣若游絲，支流源頭處則有更多乾涸斷流的狀況。

在廣大的泥岩地質區，缺乏地下水與多數山地常見的可用泉水，住民多需倚賴天上的降雨。惡地的先祖輩最需克服秋冬百日乾旱的氣候困境，為生活尋求穩定的水源供應，而這也是立足惡地的先備基礎。於是，在住家鄰近的山溝或低窪處築堤儲水，成了本地人最常見的營生方式。

惡地山野間，住家在鄰近低窪處儲水營生。
攝影：劉閎逸

惡地中的水塘，提供果園與農業灌溉。 攝影：劉閎逸

何處是聚落

若你觀察細微，可以發現惡地形裡的聚落景觀，多是獨戶散居，或僅由數戶形成小型集村。除少數聚落有較為平坦的土地、穩定的水源與沖積土壤適合農耕，能形成大型集村，例如崇德、古亭、應菜龍等；其餘住家多散居在緩坡與山凹間，或一、二戶，或五、六戶的規模。這樣的聚落型式受制於惡地先天破碎的溝谷地形，當人們移居至此卻無力大規模改變地形構造的條件下，只能順應自然的地勢，尋找出最合宜的住居或耕作方式。

有趣地是，即便是散居各處，其實家戶之間的距離並不遠，經常是轉個彎，上下坡，就是一戶人家。破碎溝谷形成的萬千山凹，成了家家戶戶靠山傍水的繁衍之地。居民經常在住宅前後挖有水塘，屋邊種下各類花果食蔬，取水澆灌，或有甚者，多蓋幾間屋舍，豢養禽畜，一家老小的食材營養已多可滿足。散落惡地山野的水埤塘，猶如生機水鏡，正映照著惡地人營生的智慧所在。

儲水供農用灌溉的水塘，在現存文獻研究中，多以「農塘」(farm pond) 稱之，或有稱之為「陂、埤」等用字。依《水土保持技術規範》[2]之定義，「農塘指在低窪地區或溪流適當地點，構築堤壩攔蓄逕流，以提供滯洪、農業等用水及改進生態環境並供休閒、遊憩之用。為健全前項農塘之功能，達保水、蓄水及用水之目的，得於地勢較高地區設置蓄水設施。」由此可知，農塘在

惡地溝谷中以水壩蓄水，做為魚塭使用。 攝影：劉閔逸

惡地水塘分布深受地質、地形、氣候與社會運作影響，孕育著一處處微型生態系。 攝影：梁偉樂

空間分布上應多位於地勢低凹處，藉以匯聚周遭空間的地表逕流，具有滯洪、保水、蓄水與用水等多目標功能。另根據研究調查與訪談顯示，農塘大多坐落於重要農業活動的範圍，做為西南泥岩區在乾溼季節分明的耕作灌溉用水之需。[3]

築堤儲水說來並不複雜，惡地裡萬千山溝，只需掌握水往低處流的原則，在水流匯聚的下游處築堤即可；然而，在昔日沒有怪手、山貓等動力機械，僅能仰賴人力、獸力的農耕年代，卻是談何容易。據研究[4]，惡地裡能坐擁大型水塘的聚落，若非人丁興旺的家族，便是有異常團結的社會凝聚力形成的社群。田寮一帶較大水塘多為家族公有，或僅有與大家族交好的異姓家戶可以共享。

水塘選址也非任意而為，除考量儲水效益外，仍需顧慮日常取用的便利性，因此鄰近住家的埤塘位址仍為首選；另外也需考量築堤儲水淹沒的範圍，是否影響到土地所有權人的使用權益，若無法達成有效協議，再好的位址也難以成真。田寮鹿埔的石大哥提到，民國七十年代在自家土地的山溝築起混凝土壩儲水，供畜牧場使用，上游處不免淹沒了他人的林地，「淹沒的面積就要跟地主協議，要補償給對方」。

此外，有少數具有較大規模的儲水供水設施的聚落，集中在平地範圍較廣處，例如崇德、山河壽、田寮與七星、新興一帶。一九六三年一場大旱之後，田寮村的大姓李家於一九六五年發起興建「田寮農塘」的工程計畫並率先捐款，後得到臺灣省山地農牧局（今行政院農業委員會水土保持局）協助設計堤壩與補助部分經費，糾集全村「日出工百人，義務築農塘」，以克難的方式投入開鑿牛車路、整地、擔土與搬運材料，在聚落後方的山溝（又稱寧靜湖）興築壩高十六公尺，長四十公尺，寬四十一公尺的土壩，終於在一九六六年七月完成田寮農塘（全長四九〇公尺）的工程，並興建田寮村簡易自來水廠，引用農塘

水塘的不同使用型態

築壩式水塘：常見在溪流適當地點填土築壩，以攔蓄地表逕流的設施；蓄水型態類似水庫，是臺灣南部山坡地區相當普遍且重要的灌溉水源之一。依築壩材料及型式，壩體可分為土石壩、混凝土壩等。山坡地農塘多以土壩為主。

開挖式水塘：常見於耕地鄰近的邊坡內凹處，由小型土堤與二側邊坡形成儲水空間，又或者由高約二至三公尺的土堤圍繞而成，阻隔與鄰近邊坡的直接交會。蓄水規模雖較小，卻是本地常用的儲水設施，大量散落在果園與魚塭使用。依照土堤型式差異，粗略可分為二種：環堤型與單堤型。

一、環堤型：沿地表向下開挖土方，挖取之土方沿儲水空間外緣堆置並夯實為土堤形成山邊溝，環繞內部儲水空間，並隔絕外水逕流流入內部空間。藉由將外水逕流阻絕於堤外之做法，可避免外部土砂受逕流搬運流入內部儲水空間，降低內部空間淤積的風險。而圍繞儲水空間的土堤多有植生，藉由植物遮蔭與根系生長，提高土堤的結構韌性，降低土堤受日照風化與降雨沖刷的侵蝕力道。

二、單堤型：土堤倚靠溝谷二側邊坡為界，於緊鄰邊坡的溝谷口築長條土堤，土堤高度一般約為三公尺，頂部低於溝谷二側邊坡，形式類似築壩式水塘。通常二側邊坡植生極佳，可避免邊坡因裸露受雨水沖蝕而導致儲水空間淤積的困擾。

若做為果園灌溉使用，通常一處果園搭配一座開挖式水塘；若做為魚塭生產，環堤型與單堤型多混合使用；另於上游溝谷處，較常興築規模稍大的築壩式水塘，以取得更大量的水源儲存。隨著科技進步，儲水設施選擇日益多元，加上各種土地政策（林地管制、山坡地管制）與經濟社會型態變遷，惡地的水塘逐漸有棄置荒廢的現象，甚或成為廢棄物掩埋之處，亂象橫生。實際研究數據亦顯示，自 2007 年至 2015 年間，西南泥岩地質區農塘總面積減少許多，萎縮嚴重。

單堤型與環堤型水塘　攝影：劉閎逸

儲水，供應鄰近南田寮一帶千餘人的生活用水，其效益為當時最大。[5]

平原區常見的鑿井取水工法或外地山林常見的湧泉，在這裡僅有少數聚落可取得，比如二仁溪主河道上存在厚層沖積河階地的崇德、古亭等聚落；又或惡地外圍有山體交疊的龍船山、馬頭山、中寮山、雞冠山與大崗山等處，有少見的湧泉可取用。或許是因為本地水源稀少而顯得珍貴，這幾處山頭水源處，多有鄉野流傳的神祕故事，如中寮山頂一口終年不乾涸的池水，稱「半天池」，是昔日當地最重要的水源；同為珊瑚礁體的雞冠山與大崗山，則分別有天公地漏、麒麟清泉與石母乳聖水、超峰寺龍目泉等說法；在地人稱「白馬將軍」的馬頭山畔的馬槽水、馬尿泉亦是一絕，與雞冠山（舊稱麒麟山）相傳的麒麟清泉相似，水質略帶鹹味及澀味，彷彿白馬與麒麟是活現的生靈，守護著本地刻苦樸實的村人們。

惡地裡的居民受限山丘溝谷的地勢結構，雖可築埤塘蓄水，卻仍是有埤無圳，缺乏平原區的水圳網絡系統，多僅能在狹小難得的平坦臺地、河階或緩坡耕作，各處水埤塘獨立存在，供應一方田園。時至今日，即便已有了大型水庫與便利的自來水系統，惡地裡的農業用水，仍仰賴先祖輩辛勞開墾與保存而來的水埤塘。

地質、地形、氣候與社會運作等因素，是水塘空間分布背後的驅動力，若進一步解析，更可得出細緻的空間分布型態與趨勢。惡地裡的水塘位址，深受自然地勢影響，海拔高度較高；且明顯沿著河道分布，包括直接位處河道線上、位於河道線兩側一百公尺範圍內等，而這些水塘堤壩多沿著河道源頭處具有明顯溝谷地形的位置構築，且同一河道的上下游有多個水塘，串接成線狀的儲水景觀。[6]

每一處水埤塘，就是惡地山野間的一處生命天堂，在翻山越嶺的山凹處，孕育著獨立一方的微型生態系。這些依水維生的生態系各有風貌，有自然作用形成的，也有經過人為活動後回歸山野的，更多的則是在地人們持續經營的果園或魚塭，還有幾處大面積的水域景觀，遺世獨立在惡地山野深處，成為這處天時地利皆不如人意的土地上，持續孕育著人們與自然生靈界安身繁衍的活現生機。

2

族群的行跡

眾多研究指出，早在漢人族群尚未大舉移墾臺灣島內之時，島上的原住民早有其長年自足的生活方式，各地聚落人口規模雖不龐大，但依靠鄰近聚落的自然資源皆足以安居樂業而生生不息。隨著跨海而來的外地人持續移入，原住民平靜的日子，產生了質量上的轉變。

墾荒：遷徙路徑與生活變貌

「羅漢門在郡治之東。自猴洞口入山，崇岡複嶺，多不知名。行數里，為虎頭山，諸峰環列，樹惟榛櫛。過大灣崎、蘆竹坑、咬狗阬，又東南經土樓山，壁平如削；上則獮猴跳擲，虞人張羅以捕。稍前為疊浪崎，出茅草埔，度雁門關嶺，回望郡治，海天一色。去關口里餘，中為深塹，可數十丈。緣崖路狹不堪旋馬，一失足便蹈不測。五里至石頭阬，四里至長潭，清瑩可鑑。潭發源於分水山後，由羅漢門阬入岡山溪，同注於海。自番仔寮迤邐至小烏山後，入羅漢內門，峰迴路轉，眼界頓開；沃衍平疇，極目數十里。東則南仔仙山、東方木山，隔澹水大溪為旗尾山，西即小烏山，南為銀錠山，北為分水山、自貓徽山；層巒疊巘，蒼翠欲滴，暝色尤堪入畫。」

——黃叔璥《臺海使槎錄》[7]

這是一段描述自臺南府城前往羅漢門（今高雄市內門區）自然景觀的記載，表達了當時自然地形極為險峻且破碎的樣貌。猴洞口、虎頭山、大灣崎、蘆竹坑、咬狗阬、土樓山為今臺南關廟、龍崎與高雄田寮交界一帶；過疊浪崎，出茅草埔，度雁門關嶺，則為今日田寮月世界公園附近，沿著二仁溪谷北岸上溯到內門山南宮的路線。

惡地的先天自然環境不利人們生活，理當是避之唯恐不及的所在；但今日的居民們從先祖輩即落腳惡地山村，綿延子嗣迄今數百年，世代積累創造了如今惡地的景觀風貌與生活氛圍。究竟是甚麼樣的動機，讓先祖輩們選擇在看似最差的惡地環境，做為安身立命的所在？

翻開歷史文字的記載，十六世紀歐洲船隊在世界各地展開探索並開拓領地，當時荷蘭人以貿易為目的，經東南亞輾轉來到臺灣島上建立據點，進行與中國、日本為主的東亞貿易網絡，據點所在的位址，便是現存的臺南安平古堡與赤崁樓一帶。然而在荷蘭人來臺之前，這片土地上早有今日所稱的平埔族人定居，並發展出具有一定人口規模與生活型態的部落社會。

自荷蘭人據臺以來，島外移民日增，除了因貿易往來的荷蘭人、日本人與旅居東南亞一帶的各國人士之外，福建漳州、泉州一帶的漢人渡海移墾為最多數，漸漸在安平一帶形成穩定聚落並向外拓墾。原居住在安平的平埔族新港社人，則逐漸向東遷徙至今日新化、關廟乃至泥岩惡地淺山與內門、甲仙一帶。平埔族人的命運隨著漢人拓墾擴張而持續遷徙，甚至到了日治時期，田寮一帶標註為「熟番」

〈康熙臺灣輿圖〉繪製於清康熙年間（1699-1704），以寫實手法描繪出十七、十八世紀更迭之際，臺灣西部由北到南的山川地形、行政兵備部署、道路與城鄉生活等景觀。圖中顯示當時西南一帶之地理位置，例如二層行溪、大崗山、小崗山等。本圖為《康熙臺灣輿圖（摹本）》，經指定為國家重要古物。

資料來源：國立臺灣博物館

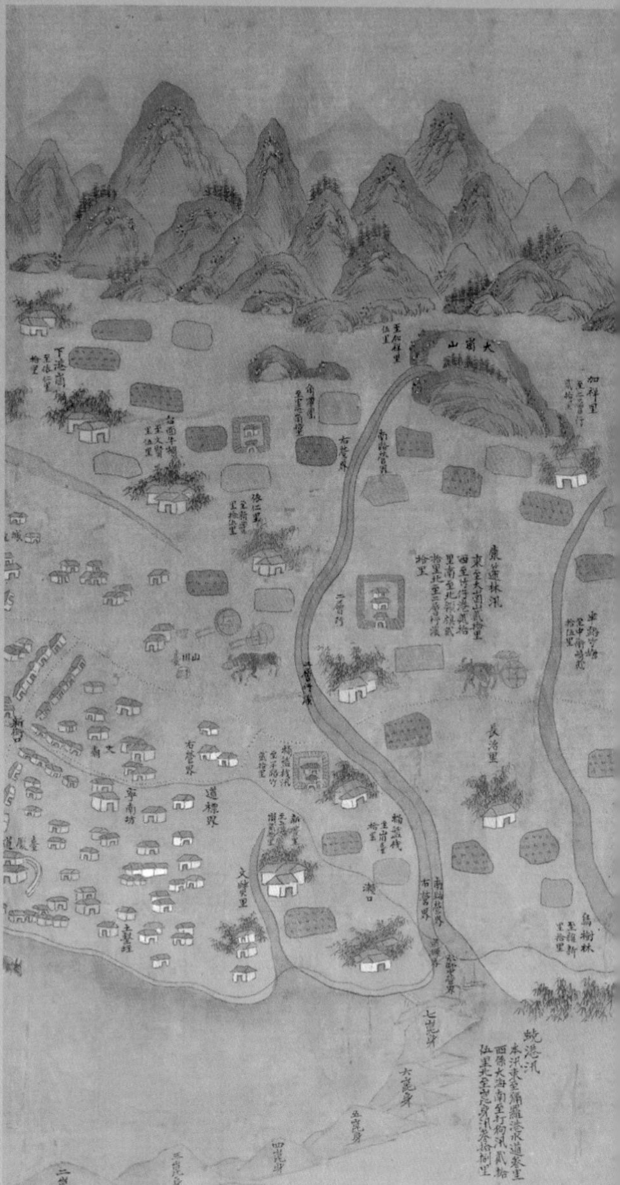

的平埔族人，數量已不如後進來到的漢人。

明鄭（一六六二－一六八三年）以來，漢人逐漸循著二層行溪河道上溯，穿越泥岩惡地而入墾定居於羅漢門，在今內門區西南一帶建立大小聚落。《臺海使槎錄》書中記載了當時羅漢門一帶的開墾狀況：

「民莊凡三：外埔、中埔、內埔，居民約二百餘口。內埔汛兵五十名，分防猴洞口；狗勻崑諸地，則寥寥三十餘人而已。先是，由長潭東南行，至夏尾藍、腳帛寮轉北至外埔莊；後以逆黨黃殿潛蹤內埔，而甕菜岑、鼓壇坑尤為奸匪出沒之所，禁止往來。外埔東南由觀音亭、更寮崙、番仔路頭至大崎越嶺，即為外門。去大傑巔社十二里，中有民居，為施里莊、北勢莊，莊盡番地；往年代納社餉招佃墾耕，繼以遠社生番乘間殺人，委而去之，今則茀草不可除矣。自社尾莊、割蘭坡嶺可赴南路，由木岡社、卓猴可赴北路；外此羊腸鳥道，觸處皆通；峻嶺深谷，叢奸最易。土人運炭輦稻，牛車往來，徑路逼狹，不容並軌；惟約晝則自內而外，夜則自外而內，因以無阻。夏秋水漲，阬塹皆平，則迷津莫度，與諸邑聲息隔絕。議者謂宜歸臺邑，良然。」

外埔、中埔、內埔即今日內門紫竹寺與南海紫竹寺一帶，為本地地勢最平坦且土壤深厚的宜耕地，匯聚了最初入墾的漢人移民。清雍正九年（一七三一）於中埔設置臺灣縣縣丞署，乾隆五十四年（一七八九）奉文改置巡檢，今日存有一地名為「衙門口」，即昔日辦公廳舍所在地。狗勻崑、甕菜岑、鼓壇坑即今日崇德（月世界）、應菜龍、古亭。外門即為今日旗山市區一帶，當時仍為平埔族人大傑巔社開墾範圍。

現存歷史考據多指向，今內門一帶的漢人入墾，最初多經由二仁溪谷上溯，自西部沿海平原的臺南遷移而來，期間須穿越陡峭曲折的泥岩惡地，方能抵達隱身於惡地山林後的沃野內門。自明鄭年間最早的漢人移入後，又於康熙年間有明鄭遺民為逃避戰禍，隱身在此山野之間，迄今本地仍多留存相關鄭成功部將家族的鄉野軼事。

文獻記載的臺灣史，多以今日臺南安平做為臺島最初發展的核心，荷蘭據臺時期之後的明鄭漢人政權與清帝國政權尤其如此。明鄭治臺二十餘年，以臺南為核心，向南北二路發動軍隊駐地屯墾。南路重心在觀音山，有翠屏巖；北路在赤山，有龍湖巖，二地皆奉祀觀音佛祖，並以二地為核心，分派各部屯兵墾荒，一說是藏兵於農，實際上有就近監視鄰近平埔族社之任務。[8]

明鄭軍鎮屯墾地區分布圖

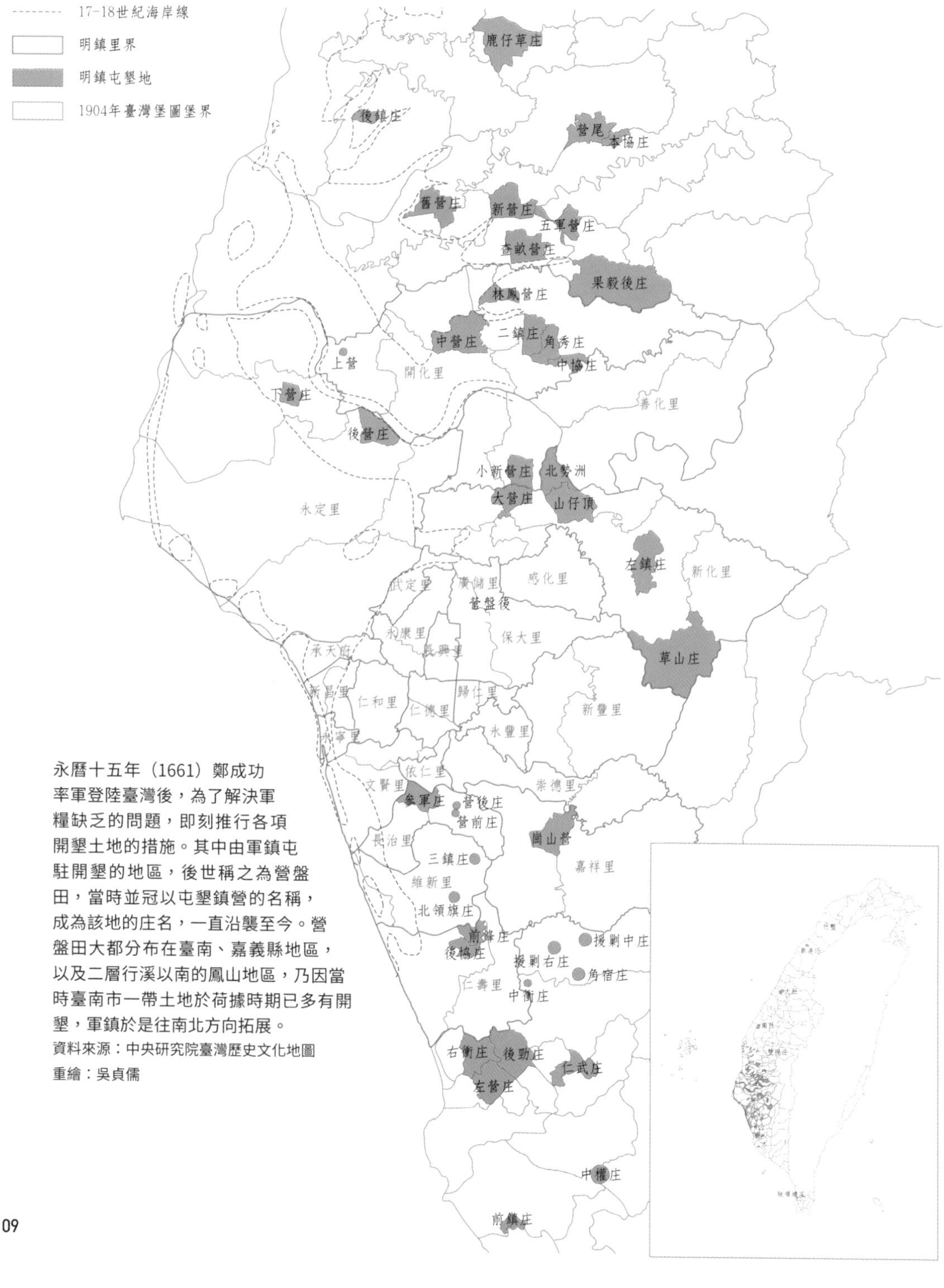

永曆十五年（1661）鄭成功率軍登陸臺灣後，為了解決軍糧缺乏的問題，即刻推行各項開墾土地的措施。其中由軍鎮屯駐開墾的地區，後世稱之為營盤田，當時並冠以屯墾鎮營的名稱，成為該地的庄名，一直沿襲至今。營盤田大都分布在臺南、嘉義縣地區，以及二層行溪以南的鳳山地區，乃因當時臺南市一帶土地於荷據時期已多有開墾，軍鎮於是往南北方向拓展。

資料來源：中央研究院臺灣歷史文化地圖

重繪：吳貞儒

湯姆生拍攝之平埔族人群像，1871
圖片來源：©Wikimedia Commons.
(also courtesy of Wellcome Collection
英國威爾康圖書館）

湯姆生拍攝之月世界，1871
圖片來源：英國威爾康圖書館
（Courtesy of Wellcome Collection）

清康熙年間，西部平原地區南、北二路的漢人開墾範圍日益擴大，原本居住在臺南平原的西拉雅族新港社人原居地逐漸被漢人以各種方式占據，進而轉向鄰近的淺山遷移，遷移路徑多沿主要河道上溯，或循溝谷、山稜行走，尋找適合定居的土地。夾峙在龍船山脈與烏山山脈之間的內門縱谷，成了橫越廣大泥岩惡地後的移民桃花源，再往東走就是地勢更為高聳的內山，而且早也有了世居於山林間的山地原住民（舊稱生番）。平坦的土地是移民必爭之地，內門縱谷裡自明鄭年間即持續有漢人聚集開墾，晚來的新港社人僅能求其次級土地，散居在鄰近的緩坡或面積較為窄小的山坑、河階地上。

今日之左鎮、龍崎多為新港社人移墾，推測最初於明鄭年間已有移入，南左鎮的三村里，包括岡林、二寮、草山仍多有平埔遺風；又經菜寮溪上溯越過龍船山脈，另在內門北部的龍船山、木柵、溝坪一帶，亦有平埔聚落發展。這段北路沿線，更留有臺灣最初一批基督教長老教會的教堂（岡林、木柵等）。自一八六〇年代起，臺灣安平、打狗開港通商後，眾多英美洋商與傳教士抵臺，試圖探訪臺灣各地人文風情與可用資源。來自蘇格蘭長老教會的馬雅各（James Laidlaw Maxwell），是最早抵臺（一八六四）的傳教士之一，透過引入西式醫藥，漸漸獲得漢人與平埔族人的接納，進而打開了傳教的契機而設置教會。

現存最早的平埔族人攝影，來自於馬雅各於一八七一年帶領同為蘇格蘭同鄉的攝影家湯姆生（John Thomson）所留下的珍貴影像紀錄。湯姆生抵臺時，最初在打狗上岸，後轉赴安平，隨馬雅各一同從臺南東門出發，經新化入岡林，翻越龍船山抵達木柵後，又經溝坪循山徑遠赴甲仙、六龜甚至是茂林一帶，期間拍攝的陡峭惡地溝谷、楠梓仙溪畔與平埔族住家、男女與孩童的畫面，皆是後人回味過往先民生活的寶貴紀錄。

相較於左鎮、內門沿線猶存的平埔遺風，龍崎、田寮一帶則明顯受到漢人族群的文化影響。明鄭期間，漢人定居田寮境內的紀錄並不多，真正有大量漢人定居的紀錄已是雍正乾隆年間。明鄭、康熙年間，漢人仍以入墾內門為首要，二仁溪主河道為來往臺南平原與內門的要道，因此沿著二仁溪河道上溯至內門縱谷平原兩岸的河階、緩坡面與山坑溝谷地等，逐漸有定居的住民而形成綿密的社會關係，流傳至今日的內門紫竹寺觀音佛祖信仰，即保留著當時漢人社會的互動形式。

人們從二仁溪下游平原的臺南、路竹一帶遷移越過大崗山後，最具有耕地價值的是現在崇德國小所在的聚落位址。此地緊鄰二仁溪河道，有著面積較大且深厚的沖積土層，足以提供開墾初期的移民所需。康熙六十年（一七二一）朱一貴事件後新設的兵營亦在此地，今日仍可見「營盤頂」的地名。

隨著二仁溪主河道與內門平原區已多有住民落戶，後期持續擁入的漢人移民則轉往二仁溪南岸南田寮支流尋找安身天地。然而，原居臺南平原區的新港社人與原居二仁溪下游路竹、岡山一帶的大傑巔社人，早已遷居到此，甚至有營造儲水農塘，供水田灌溉之用。因此，隻身晚到的漢人多依附平埔族人的田園耕作謀生，或以租典土地，又或娶妻入贅的方式安身立命。少數在原居地已有勢力的漢人則糾眾移墾，漸漸形成獨立於平埔聚落外的漢人聚落，例如南田寮最早開墾的地方，包括內安、三和、山河壽一帶。

透過戶口調查，大致可以建立對本地族群變遷的架構。以惡地形為主體的本地，在清治二百年間，人數從不足千人（一七二二）躍升至七千餘人（一九〇五），而於日治五十年間再新增約五千人，更於戰後二十年間再增加四千人，整體人口規模成長速度愈來愈快，也代表著人們對於自然資源的取用需求愈來愈強。而後進的漢人族群持續增長的龐大人數，替代了早先落戶於此的平埔族人，形塑了今日惡

臺灣蕃地圖

日治時期啟動了大規模的蕃地測量事業，有助於瞭解原住民遷移與部落變遷。此圖為大正二年（1913）版本。

資料來源：中央研究院人社中心 GIS 專題中心

地社會文化的主流面貌。[9][10]

自明鄭末期至日治初期近二百年的族群人口增長趨勢看起來，漢人從十萬人增加了近三十倍，原住民（生番）勉強維持十萬上下的人口數，平埔族群人口數卻是大幅減少。漢人族群的擴張，在乾隆嘉慶年間達於鼎盛，即便是淺山惡地也成為漢人移民的落腳處，早先到此的平埔族人耕地逐漸被漢人以各種不同的方式取得，或通婚、或典讓，最終獲得土地的永久使用權或所有權。

歷史治理與民風流韻

清康熙六十年（一七二一）四月爆發朱一貴事件，朱一貴不出一個月便攻陷臺灣府城，守城文武棄城而逃，震驚了遠在北京朝廷的康熙帝。有了過往明鄭據臺為王的經驗，清廷快速反應，六月一日，閩浙總督覺羅滿保偕同南澳總兵官藍廷珍、福建水師提督施世驃，率領一萬八千名兵力向臺灣進發。六月二十三日，清軍即收復府城。

儘管朱一貴起義反清未竟其功，這場如天光乍閃的民間革命，仍迫使消極治臺近四十年（一六八三～一七二一）的清廷正視臺灣的治理工作，為邊陲的惡地引來了關注的目光，最終康熙欽命的首任巡臺御史，就特別造訪這處窩藏惡賊的山林野地，進而在雍正年間改變臺灣行政區劃，將原屬鳳山縣轄的羅漢內門一帶劃入臺灣縣，更新設置縣丞與清兵據點，加強官方對本地的掌控。

上述進行的全臺行政區劃調整，改一府三縣（臺灣府，臺灣縣、鳳山縣、諸羅縣）為一府四縣二廳（臺灣府，臺灣縣、鳳山縣、諸羅縣、彰化縣、澎湖廳、淡水廳）。行政區域的新增，代表著臺灣內部的社會發展規模愈來

居住在內門鴨母寮的朱一貴，號稱「鴨母王」，因不滿清朝作為，發動了臺灣第一次大規模的民變。圖為朱一貴紀念碑。
圖片提供：高雄市政府農業局

鄉民興建興安宮，以天上聖母及朱一貴為主祀神明。 圖片提供：高雄市政府農業局

羅漢門迎佛祖及宋江陣是西南惡地地區重要祭儀　圖片提供：林文彥

愈大，此時的臺灣西部平原區已多有漢人聚落耕墾，而推動發展的主要力量來自閩、粵二地渡海來臺的漢人族群。即便僻處惡地的左鎮、龍崎、田寮、內門等地，亦不脫這波臺灣族群發展史的浪潮。

清乾隆三十三年（一七六八），臺南新化發生「黃教之亂」，西拉雅新港社頭目大里橈協助清朝剿匪有功，功成後，大里橈被封為六品官，乾隆賜姓且賜地，「大里橈」改為漢姓「戴」，族人也多更改為漢姓。接受賜地的他，帶領族人遷居現內門北部屯墾定居，即今日木柵、三平與溝坪一帶。

三百年前的「過疊浪崎，出茅草埔，度雁門關嶺」，如今成為田寮月世界公園附近，沿著二仁溪谷北岸上溯到內門山南宮的路線，這條往來田寮、內門之間的道路，是內門觀音佛祖遶境必經的路線之一，且是遶境行腳過程中最具明顯惡地裸露景觀與最為崎嶇起伏的路線，對於隨香信眾的體能是一大考驗。

辦理迄今已有二百餘年歷史的羅漢門迎佛祖[11]，是每年二、三月間內門全境與鄰近之田寮、旗山、龍崎等周邊部分庄頭的重要信仰祭儀，旅居外地的遊子多會回鄉參與，富有凝聚地方人文情感與強化社會關係的濃厚氛圍，也見證著本地幾百年來的文化傳承與社會變遷。

護隨觀音佛祖遶境行列的宋江陣，更是極富傳奇色彩，相傳為昔日

羅漢門迎佛祖於 2014 年公告成為國家重要民俗及有關文物　圖片提供：林文彥

明鄭遺軍避藏到惡地後，假祭祀之名，實則維持武裝團練發展而成，因此多有陣形演練與兵器操練。

此外，今日的左鎮、龍崎與田寮、內門月世界地形區內，由於明鄭之前曾為平埔族住居地，多可探訪到昔日平埔祭儀的遺風，例如今日田寮七星里祭祀石頭的信仰、新港社的祀壺文化等。另一值得注意的是姓氏。羅漢門文史工作者陳聰賢指出，自新港社頭目大里撓被乾隆賜姓為戴，此後族人群起要求賜姓，以平埔語直譯成漢姓，誕生許多特殊姓氏。根據旗山戶政所統計，內門有兵、力、机、姬、卯、候、毒、蘭、藍、東、鄂、宜、寧、月、來、買、穆、萬、油、邦等特殊姓氏，主要分布在內興、木柵、三平、永富與溝坪里。

宋江陣發展出多種陣形　圖片提供：鄭仲彬

佛祖遶境路線途經惡地崎嶇山路，月世界景觀一覽無遺。 攝影：余通城

內門紫竹寺丁頭恭奉觀音佛祖等神尊，以慢步踩踏方式將神尊與重要器物等一併過火。
圖片提供：林文彥

3

山水間的拚搏與治理

不論族群的演變折衝孰勝孰負，在平原地區可以倚靠穩定的水利灌溉系統栽培作物，然而在淺山惡地，由於先天氣候乾旱、環境崎嶇破碎，加上土壤貧瘠，再再限制著人們的生產活動，乃至影響在地生活的面貌。

扭轉天時的水資源工程

惡地環境現存最早的灌溉埤塘文獻始見於清乾隆年間《鳳山縣誌》：「水蛙潭，番所築。」顯示當時平埔族人已有水耕定居的聚落型態。一八九四年光緒年間《鳳山采風錄》記載：「僅田寮陂、山河壽陂」，或可認知到清治二百年期間，惡地內具規模的灌溉水埤塘其實並不多。

伴隨漢人族群持續渡海來臺，並自西部海岸平原向東拓墾擴張，原本明鄭之前便生長在平原區的平埔族群，或被迫在地同化，或向東沿河流上溯遷徙到淺山地帶；鄰近臺南平原的丘陵、河階、山坑溝谷地，便成為平埔族落腳的所在。漢人族群持續擴張，在乾隆嘉慶年間達於鼎盛，淺山惡地一帶的平埔族耕地逐漸被漢人以各種不同的方式取得，平埔族人不斷陷入在地同化或遷徙至東部深山的命運。

水利對於閩南漢人社會的生產活動相當重要，漢人多以水稻栽培最主，關鍵生產要素除了平坦的沃土，便是穩定的水源。清治時期，西部各地多有民間發起的水圳開發，如臺北瑠公圳、新竹隆恩圳、彰化八堡圳等；也有由官方起造的灌溉系統，如鳳山曹公圳。臨近惡地的平原區如阿蓮、關廟大埤、新化虎頭埤一帶，水埤塘的規模與數量亦見可觀，今日仍存續使用。惟在淺山惡地，由於先天環境不利因素，始終面臨水源不穩的困境。

一八九四年（歲次甲午）日清黃海大戰後，清帝國戰敗，被迫以賠償之名接受日本帝國眾多要求，除賠款外，更割讓了臺灣與澎湖所屬各島。清朝自康熙年間擊敗明鄭王朝以來，歷經二百餘年的治理，自此迎來了改朝換代的新一代統治者，這次是來自於北方溫帶氣候區的島國日本，正挾帶著一八六七年師法歐陸現代科學以來的明治維新氣象，意圖稱霸長久以中國為核心的東亞政治圈。

坐擁極具自信的現代軍事武力，日本帝國自一八九五年（歲次乙未）接收臺灣以來，歷經三位軍職總督，卻仍難有效治理這處新興熱帶國土。而這一切的困難，除了長久定居臺灣的平埔族與漢人族群多有抗日思想與游擊行動外，更重要的原因是來自溫帶地區的日本人對於炎熱氣候環境的風土不適。

在治理日益困難的情況下，一八九八年，兒玉源太郎自薦請纓擔起臺灣總督一職，並聘請醫生出身的後藤新平擔任行政長官，協助綜理臺灣一切行政事務，臺灣的命運也迎來了重大的轉變。

留學德國且見識過歐陸現代化文明面貌的青年後藤新平，此時不過四十歲，正是想大展身手的年紀。後藤除了改採懷柔政策降低臺人的反抗意識外，更引進當時歐陸最進步的現代技術，從最基本的資源調查著手，逐步改善衛生環境、熱帶疾病的研究防治以及提升農業生產量能。其中聘任後世稱為

1920 年濁幹線第一制水閘及附屬放水門
資料來源：©Wikimedia Commons.

1920 年八田與一（左中站立者）於嘉南大圳工地現場主持祭拜儀式
資料來源：王子碩

臺灣糖業之父的新渡戶稻造，提出〈臺灣糖業改革書〉，依此於一九〇一年啟用第一座現代化製糖工場（現橋頭糖廠），從此臺灣產糖量能逐年成長，終於能在財政上自立自足，也穩定了日本治理臺灣的基礎。

在「工業日本，農業臺灣」的政策方針下，臺灣總督府自一九〇七年起，宣布開展遍及全島的農田灌溉水利工程計畫「十四條灌溉埤圳工事」，其中包含兩項規模宏大的現代化「大儲水池」，選定大科崁溪中上游的石門與二層行溪中上游的大滾水兩地。

附屬於二層行溪埤圳工事的大儲水池率先施工，預計可灌溉下游臺南與岡山一帶平原區二萬甲土地，將南臺灣冬春旱季長達半年的廣大看天田，改良為終年有水的良田，提升單位土地的生產力。

備受期待的大儲水池係整體二層行溪埤圳工事之核心，且考量旱季溪水量不足，甚至開鑿了一座越域引水隧道，從內門東埔向東鑿山貫通後，架水圳橋越過溝坪溪，於旗山圓潭銜接旗山溪水；又於更上游處跨越旗山溪，於土籠灣（六龜）興築該工事所需的水力發電所。

1922 年烏山頭水庫開鑿光景
資料來源：國立台灣圖書館典藏
《嘉南大圳工事寫真帖》

翻閱歷史紀錄，以百年後的今日來看，仍感受得到該計畫規模的宏大企圖。未料，附屬建物（越域引水隧道、水圳橋與發電所等）先行施工後，卻發現大儲水池壩體位址的地質條件鬆軟，經評估後不宜興建龐大壩體。大儲水池工程最終於一九一五年宣告放棄，完工後的附屬建物也棄置無用。未竟其功的大滾水儲水池，連帶導致後續石門大儲水池計畫終止。

即便大儲水池未完成，同期各地水利工程計畫仍然持續推動，如一九二〇年串接桃園埤塘的桃園大圳系統、推動屏東糖業開發的二峯圳系統，以及後續規畫施工的主要河川平原區堤防等，這些設施陸續改善河道下游逢雨氾濫的發展困境，也逐漸形成今日主要河道的行水範圍，原本氾濫易受災的土地，成了新興的移墾聚落。

直至一九三〇年，嘉南大圳系統的烏山頭水庫完工啟用，臺灣史上才正式出現第一座大儲水池。參與過桃園大圳工事的八田與一，時任臺灣總督府水利土木技師，他看出西南平原一帶的天候因素所導致的農耕生產

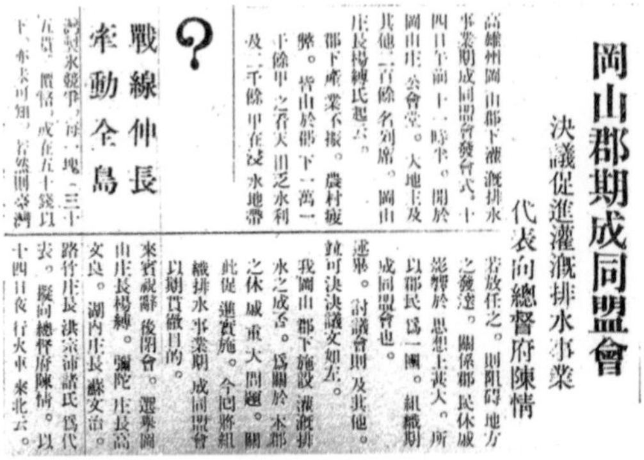

岡山郡期成同盟會

決議促進灌漑排水事業

代表向總督府陳情

戰線伸長

牽動全島

岡山郡決議促進灌溉排水事業

資料來源：《臺灣日日新報》

（昭和 5 年 3 月 16 日）

國立台灣圖書館

灌漑看天田一萬餘甲

總工費一千萬圓

督府派技師計畫中

臺北金獅團

北港進香歸北

大崗山大貯水池報導

資料來源：《臺灣日日新報》

（昭和 7 年 2 月 25 日）

國立台灣圖書館

困境，遂於一九二〇年啟建以烏山頭水庫為核心的嘉南大圳系統。歷經十年工期，串接濁水溪與曾文溪的嘉南大圳啟用之後，大幅改善了雲嘉南一帶的看天田命運，土地生產力取得明顯提升，農民所得與地方發展獲得突破成長。

此外，或許是受到嘉南大圳的激勵，二層行溪流域的大儲水池規畫，再次於一九三〇年（昭和五年）三月由高雄州岡山郡民間組織「灌溉排水事業期成同盟會」偕同地方官員提出，在崗山頭鄰近二層行溪的位址，開挖儲水池與建置水圳系統，灌溉下游一萬三千甲看天田。

該計畫由民間發起，向臺灣總督府陳情後，府方派遣土木技師現地勘查，評估後認為灌溉規模僅次於嘉南大圳的十萬甲，具有關建效益。有別於崗山頭位址，核定施工位址最終南移至小崗山南麓之阿公店溪上游處興建壩體，於一九四二年動工。

自一九〇八年以來，轉眼已逾三十年，二層行溪流域下游的居民終於迎來了盼望已久的灌溉水圳系統。然而開工不久，臺灣旋即捲入二次大戰的太平洋戰爭，成為盟軍空襲轟炸的戰場，加上雨水氾濫，水庫工程陷入無限期停工。

戰後：臺灣第一阿公店水庫和二仁灌溉計畫

一九四五年二戰終結，臺灣社會民生凋敝，代表盟軍接收臺灣的國民政府因中國內戰，於一九四九年率領約二百餘萬軍民轉進臺島。在積極發展提升農業產值的政治經濟背景下，臺灣省政府於一九五三年完成了戰後第一座水庫——阿公店水庫。

阿公店水庫並非橫空出世，前身就是一九三〇年代岡山郡民陳情興建的水庫。戰後臺灣省政府延續興建計畫，動員當地鄰里家戶參與勞動，築起當時東亞最長的水庫壩堤（長二三八〇公尺）。水庫啟用後，改善了下游岡山地區逢雨必淹，無雨乾旱的天候環境限制，確實提升了農地的生產力與岡山地區的市街發展。

有了水庫，地方的人們看似即將過著幸福快樂的日子，然而管理水庫的工程人員們卻是眉頭深鎖，陷入無盡的泥濘之中。首任經濟部水利署署長黃金山在水利署的公開訪談紀錄庫中就提到，阿公店水庫自啟用起，即面臨上游集水區裸露的泥岩地質易受雨水沖蝕，導致大量泥砂持續沉積在水庫內，而嚴重影響水庫運作。

自阿公店水庫啟用後，大崗山北側的二仁溪流域也展開灌溉計劃的闢建，原名「二層行溪」的二仁溪更於一九六〇年改為今日的名稱。二仁灌溉計畫基本架構大致延續了一九〇七年的規劃，更在時任內門鄉長黃承城建議下，重新啟用了棄置五十年的水工構造物：圓潭仔引水廊道（東埔隧道）。

一九〇七年規劃闢建的二層行溪埤圳工事主要工程「大儲水池」，當年因泥岩地質鬆軟而放棄；五十年後，二仁灌溉計畫又同樣在相近的古亭大滾水附近，規劃設置「大滾水壩」。然而，與五十年前的大儲水池命運相同，大滾水壩同樣因壩址評估泥岩地質鬆軟之故，而放棄建壩。

一九六四年，前期工程道路的闢建便已從崇德拓展到古亭壩址預定地，今日仍留下一處名為「水庫」的地名與「水庫巷」的路名。據耆老說，當時原本道路坡陡且為泥地，路寬只能供牛車行走，經水庫工程需求進行改線與拓寬後，已可通行大巴士到古亭，對古亭發展很有幫助；而古亭上游的大滾水、應菜龍、鹽水埔等聚落，也都收到遷村與土地徵收的通知。耆老表示，當時田寮一帶缺水，在地人多認為蓋壩儲水是好事，所以當政府推動遷村徵收土地時，大家都很配合。

治水治山的重擔

治水，必先治山。日治時期當治水重點聚焦在蓋壩儲水時，水土保持計畫也漸次開展。嚴格來說，當時沒有「水土保持」的說法，文獻上多為坡地防砂、造林、涵養水土等用詞，惟概念上似與今日所提之水土保持相同。

阿公店水庫是南部重要水庫之一，近年來，政府持續推動野溪整治工程，希望加速清淤、提高蓄水量，並能有效改善南臺灣水情。由於水庫環境清幽，擁有美麗的湖光山色，成為吸引遊客的重要觀光景點。
攝影：陳瑞珠

一九〇七年，臺灣總督府頒布《臺灣保安林規則施行規則》，正式展開保安林調查與編定工作，劃設首座保安林於高雄壽山。當時因應二層行溪埤圳工事的開展，為確保灌溉水流的穩定與品質，泥岩區的裸露坡地也受到總督府的重視。一九一三年《臺灣日日新報》報導，總督府要求重視二層行溪流域坡地土砂防治工作，以確保埤圳水路的穩定暢通，因此規劃保安林地與造林地的劃設。這項政策措施即便改朝換代仍延續迄今，造成現存田寮境內有近五成土地為國有林地與保安林的土地使用分區管制。

田寮、燕巢一帶的泥岩坡地土砂防治、造林與埤圳、水庫的共存關係，可謂全臺水資源整體流域管理的先河。而這類由國家主導的大規模水利工程與保安林政策，卻對泥岩區內的居民生活形成巨大影響。過往被視為共有資源的山野林地，從此成為了國家擁有的法定資產，在地人未經授權，不得任意進行開墾、砍伐等獲取資源的使用行為。

自二十世紀初起，惡地地區的人口持續穩定成長，以田寮為例，六十年間人口數量翻倍有餘。人丁興旺在傳統農村社會本是好事，但龐大的人口壓力卻使得原本耕地就貧瘠破碎的地方居民面臨無地可耕的困境。在無法擴大生產面積的現實壓迫下，從事任何可以獲取資源換取溫飽的活動成為必要手段；因此居民甘冒風險，不時進入國有林地砍伐林木、甚至開墾，官民糾紛頻仍。

刻苦年代的勞動

除了環境刻苦與官民糾紛，傳頌在耆老之間的記憶言談，也有好事發生，戰後初期在地人稱為「做溝」的活動便是一例。做溝，實為由林務主管機關發動的防砂壩工程，藉由在山溝谷口處的適當位址設置土壩，藉此攔阻上游坡地沖刷而下的泥砂土石，達到穩定邊坡沖蝕與降低主河道淤積的風險。

戰後初期，政府財政拮据，無不想方設法從農業生產獲取經濟利益，二層行溪的灌溉用水與坡地土砂防治，便是提升下游平原區農業生產力的關鍵措施。當時有一個相當特別的政策，那就是林務主管機關對在地居民提出了「參與蓋土壩的人，可以獲得淤積後溝谷地的耕作承租權」的做法。一九四九年在當地人稱為大山溝的位址，完成了第一座由土壩淤積新生的三甲餘平坦耕地放租的案例，一時之間吸引田寮境內各村居民爭相糾眾投標防砂壩工程，快速推動了泥岩坡地防砂工程的進度，居民也獲得惡地形內寶貴的平坦耕地，官民合作愉快。

這一波興盛的做溝活動，持續了二十餘年，直到民國六十年代初期，因應全臺經濟結構大幅朝向工業發展，拉動了大量農村青壯人口外流到都市，以及政府推動農村現代化政策後，方才告終。隨著工程技術進步與社會變遷，迄今泥岩區內再不復見這類官民合作築壩的方案。

回顧過去，這波積極地以人為勞動大範圍改造泥岩區域萬千深壑的行動，是屬於惡地一段獨特的歷史。原本被居民視為雜草蔓生、僅能放養山羊與獲取零星薪材的無用溝谷地，此後成為本地最主要的耕作用地。

今日遊走在田寮山間，在丘陵環繞的山溝谷地裡，多可望見連綿的果園、網室甚或是水池、魚塭；經過歷史爬梳，這才明白如今這些看似尋常的生產地景，並非自然而然的因地制宜，而是已年逾八旬、九旬的先輩們，在曾經的青壯時期揮灑大量汗血、勞動所創造的寶貴成果。

這波以刻苦人力勞動興築溝谷土壩的歲月，其結果除了確保水土涵養外，多少也緩減了本地家戶食指浩繁的生計壓力，成為先祖輩感念在心的政策美事。

山林管制的美麗與憂愁

隨著臺灣總體經濟於民國六十年代起進入快速工業化進程，封閉的惡地農村社會青壯人口不斷外流，社會內部的生產生活模式也從原本以追求基本糧食作物維生的模式，轉變為以果樹栽培（香蕉、芒果）、集約圈養畜牧（豬、羊）的生產模式，快速替換了過往傳統農業社會裡以水稻、甘蔗與甘藷、雜糧等短期作物為主的生產地景。

在土地面積的限制與追求市場利潤的選擇下，過往做為農家副業的禽畜養殖業成長最為興盛，田寮境內豬隻飼養總數自民國七十年代起的二十年間，自一萬六千多頭倍增至六萬二千多頭，連帶促進了多處築壩水塘闢建的需求；另一方面，在民國九十年代中期，田寮境內開始出現了水產養殖的生產行為，幾處密集的魚塭水池散落在各處溝谷地裡，形成了奇特秀麗的山水景觀，位處田寮月世界公園北側的五里坑溝，更因大量密集的魚塭水景，而有了「小桂林」美稱。

不過在地人的生產行為仍不得牴觸國家制定的土地法規管制。隨著山坡地保育法規的逐步完備，惡地裡的魚塭與開墾內容再次受到了約束。多數的溝谷地為國有林地放租使用，除了租約約定的農耕行為之外，承租人不得任意變更使用行為與改變地形地貌，屬於水產養殖的魚塭使用行為更是完全禁止在林地範圍內出現。在依法行政的政策要求下，即便是備受在地人喜愛的魚塭生產，也在十多年前逐漸被主管機關收回承租權利，把魚塭轉變為造林使用，五里坑溝的小桂林景觀也因此成為歷史的記憶。

時至今日，泥岩惡地之上的土地利用方式，仍立足在先輩刻苦勞動後所生成的寶貴土地基礎上，

惡地上的每寸土地，都是先祖輩們在嚴苛環境下順天應地、持續勞動的累積。
攝影：劉閎逸

不論是過往的溝谷、旱地與蔗田，亦或是今日的果園、牧場與魚塭，無不是過往歲月的累積；並隨著時代變遷與社會經濟發展，在可見的地景舞臺上流動演替著。

一方水土養一方人，下一階段的惡地地景將呈現何種面貌？在進入人類世的今日，或許我們不再困囿於傳統農業社會的刻苦勞動，有著更加多樣的技術與科技能力，能夠提高適地適性又能增進附加價值的利用方式；然而，地理風土的環境資源始終有限，人們可否從回顧先祖輩應天順地的決策智慧與悉心勞動的經驗中，珍惜自然的賜與，尋求與天地共生共榮的下一波生命體驗？

注釋

1 以二〇一〇年田寮泥岩區為例，水塘共計有六〇二處。內容取自劉閎逸，《惡地裡的生存機制—以高雄田寮泥岩區的水資源利用變遷為例》，國立臺灣師範大學地理研究所碩士論文，二〇二二年。

2 行政院農業委員會，《水土保持技術規範》第五十五條，二〇二〇年修正。

3 行政院農業委員會水土保持局臺南分局針對南高屏三縣市進行之〈農塘調查及永續利用先期計畫〉，二〇一七年。

4 鍾寶珍，《惡地上的人與地—田寮鄉民生活方式的形成與內涵》，國立臺灣師範大學地理研究所碩士論文，一九九二年。

5 沈同順總編輯，《續修田寮鄉誌》（高雄：田寮鄉公所，二〇一四年）。

6 以二〇一〇年田寮泥岩區為例，水塘數量與面積集中分布在海拔二十公尺至七十公尺區間，其中又以海拔三十公尺至六十公尺區間數量最多、合計總面積最大。直接位處河道線上的水塘數量占整體二六%、面積占整體六〇%；位處河道線兩側一百公尺範圍內的水塘數量占整體七四%、面積占整體九一%。以上內容取自劉閎逸，《惡地裡的生存機制—以高雄田寮泥岩區的水資源利用變遷為例》，國立臺灣師範大學地理研究所碩士論文，二〇二二年。而若以臺南左鎮、龍崎、南化以及高雄內門、田寮、旗山、燕巢等七個區為研究範圍來看，泥岩地質農塘所處平均海拔約八十公尺以上，呈高海拔分布。以上內容取自鄭吉輝，《泥岩惡地農塘分布變遷及影響因子之研究》，國立成功大學都市計劃學系碩士論文，二〇二一年。

7 清康熙六十一年（一七二二）奉旨抵臺的首任巡臺御史黃叔璥著有《臺海使槎錄》一書。

8 參閱石萬壽撰稿，〈文化部臺灣大百科全書〉網站 https://nrch.culture.tw/twpedia.aspx?id=3523。二〇二一年五月檢閱。

9 從《臺海使槎錄》可推論，康熙末年（一七二二），定居於內門一帶的漢人至少約有二百餘人，田寮則有三十餘人，而早於漢人定居於此的平埔族人則不可計數。時隔二百年後，日治時期明治三十八年（一九〇五）完成第一次戶口調查，當時全島總人口數約三〇四萬，以泥岩惡地為主的田寮為七三一二人。戰後初期一九四七年人口總數已達一三一〇四人，並於一九六六至一九七一年之間達到最高一萬八千餘人。以上資料引用自鍾寶珍，《惡地上的人與地—田寮鄉民生活方式的形成與內涵》，國立臺灣師範大學地理研究所碩士論文，一九九二年。

10 根據估計，在明鄭末期臺灣島上的平埔族人約十萬人，漢人亦約十萬人。而康熙二十二年收復臺灣後，則遣回鄭氏軍民回福建，漢人總人口數下降了四成，僅六萬餘人。然而百年後的嘉慶年間，全島漢人總人口數已逾二百萬，日治初期漢人則達二八九萬人，熟番四萬六千人，生番十一萬人。以上資料引用自鍾寶珍，《惡地上的人與地—田寮鄉民生活方式的形成與內涵》，國立臺灣師範大學地理研究所碩士論文，一九九二年。

11 羅漢門迎佛祖於二〇一四年經文化部審議通過並公告指定為「國家重要民俗及有關文物」。

Part IV 活的地景與常民生活

二仁溪的涓涓溪流，俐落地切割河兩岸。沿著河道，農民辛勤地種植作物，那景象彷如著名畫作《拾穗》展現的愛物惜物的精神。透過土地、溪流、畜牧、傳統產業四種視角，惡地時間似乎停留在某種平衡狀態，並且保留了時代的氛圍與美感。

撰文／梁舒婷　攝影／梁偉樂

土地的出產

被人們稱做月世界的西南泥岩惡地，一般印象寸草不生，若是如此，該靠什麼維生？套句現代人打趣的說法，豈不是要靠吃土嗎？事實上，這片惡地丘陵不僅孕育了世世代代住居或遷流於此的人們，甚至種植出當今最著名的燕巢芭樂、蜜棗、大崗山龍眼蜂蜜還有內門蜜蕉等。

事實的確與想像相差很多。在早期農業時代，對外交通不便，惡地丘陵上各個庄頭必須自給自足，也曾經存在有熱鬧的街區，像田寮區的崇德路就因鄰近糖廠的緣故，短短兩百公尺就曾有五家柑仔店、三間剪髮鋪，還不時有戲棚、撞球間這類娛樂場所。惡地農業的樣貌十分繽紛多元，雖缺乏大面積的平整耕地，但先民順應環境，充分地利用大自然的恩賜，像是自溪流引水、修築農塘積蓄水資源來灌溉作物，種植稻米、番薯、甘蔗等；也養殖雞豬羊等各樣牲畜，以傳統一級產業為主要收入來源。

直至近代臺灣經濟條件成長，消費習慣改變，加上惡地的交通逐漸便捷，在地人也順應時代演進，逐漸改變農業生產型態，開始種植芭樂、棗子、芒果、芭蕉等果樹；而原本在惡地修築的灌溉農塘，則用來飼養鹹水魚蝦等。在地有句臺語俗諺云：「土黏水鹹、蹛佇這的人骨力擱勤儉」，說明這裡的土地黏、又鹹的特性。

多元的環境樣貌成就不同產業型態，惡地居民儼然就是現今所謂「斜槓青年」的早期代表。要一以概之去論述整體惡地生活形構相當困難，透過土地、溪流、畜牧、傳統產業切入惡地生活，將更完整地貼近、繪製出在地生活實貌。

拾穗——稻米、番薯、甘蔗田

許多老一輩的農民都是惡地的知音，因為他們最懂得怎麼跟這塊土地共生共存。由於惡地上的可耕地不多，水資源也取得不易，因此農民多植旱作。為了要在有限的土地上取得最好的收穫，栽植的作物會隨著環境需求不斷做出變化。

惡地早期與臺灣其他地區一樣，農田多以種植糧食作物為主，如稻米、番薯等；經濟作物則以甘蔗為大宗。然而種植稻米需要足夠的水源以及平整的土地，兩者條件在這裡都是明顯不足的；因此，對於種植番薯的依賴性就日漸增加。番薯能在坡地、河谷間種植，條件較為粗放，加上還能做為牲畜的糧食，逐漸成為家戶耕種的重心。而另一種作物——甘蔗——也因對環境有高度適應力，成為惡地上重要的經濟作物。[1]

我曾與母親聊到關於外婆那年代的農家生活，透過兩代人的精采描述，惡地農家的場景彷彿歷歷在目。外婆原生家庭的家境不好，當時的人又普遍缺乏絕育的健康觀念，家中兒女眾多，因此外婆自幼就出養成為田寮一位大地主家的養女，將她收做女兒。我的外曾祖父家裡田地很多，需要人力幫忙

耕種，外婆每天天剛「拍殕仔光」（意指黎明）時，便要駕著牛車到田裡耕種，常常是走到田裡，天剛好矇矇亮。當時大部分田地就是種植稻米、番薯以及甘蔗。早上要出門下田之前，先起灶煮個早餐，最常見的就是番薯籤飯，番薯的量往往比米多很多。外出種田前，把飯裝入香蕉葉或是竹籜（臺語：竹箬 tik-hâh）當中，再加進一塊豆乳或是山中特有的筍醬，晚點就可以直接在田邊當做午餐吃。一包簡單、放冷的豆乳稀飯，在重度勞力的農活之後，卻顯得格外香甜好吃。

每當農家把番薯採收完後，附近的居民便會攜家帶眷到田中翻找還能食用的番薯，那景象彷彿著名畫作《拾穗》[2]展現的一種愛物惜物的精神。種在惡地溪畔的地瓜最優質，個頭碩大又甜美，是在地人心中的極品尤物。外婆的原生家庭經常得靠撿拾番薯度日，因此只要有機會，外婆就會挑些品質好的番薯帶回生母家，也會特地帶一些平原地區較缺乏的物產回去，像是木柴、竹材、筍醬等。所謂靠山吃山、靠海吃海，在物質匱乏的年代，山林中的各樣自然資源都顯得格外珍貴。

惡地人多沿著二仁溪畔栽種作物　攝影：梁偉樂

鳳梨伯正在田中挖掘外表布滿棘刺的刺薯　攝影：梁舒婷

造物主在此似乎有奇妙的安排。在一些惡地丘陵之中，隱藏著許多山珍美物，老一輩的農民最熟諳土地的寶藏了。居住高雄內門馬頭山旁的鳳梨伯洪德興就是這樣一位惡地的知音。土生土長的鳳梨伯自幼就隨著長輩學習各種在惡地生存的技巧，不但擅長種植，也會竹編、木工等技能。他悉知各種作物的習性，懂得選擇對水分需求較少、適合南部惡地丘陵土質的作物，走進他的田裡，能看到種類繁多的作物，像是鳳梨、芭蕉、芒果、龍眼、番薯等。這天鳳梨伯帶我們到他的園子裡，介紹一種珍奇作物——刺薯。刺薯又稱刺蜜薯、莿薯蕷，是屬於山藥的一種，傳聞它細緻Q彈的口感更勝山藥一籌，可說是薯中的極品珍饈。這種夢幻作物就連住在當地的我也只有聽聞、卻從未吃過。刺薯是多年生攀爬藤本，可食用部位是肥大的地下塊莖。除了地面的莖、葉都有刺，地下看不見的部分也充滿了棘刺。阿伯小心翼翼的向下挖掘了快半個人的高度，正逐漸接近塊莖的所在，棘刺愈發密密麻麻，長短不一且尖硬，一不小心就會扎得滿手傷痕。阿伯笑說，這美味連老鼠、山豬都非常愛吃，但因為它被布滿刺棘的外表保護著，讓這些山林中最厲害的採集高手難免吃鱉。這裡曾經在民國八十年代初期歷經嚴重鼠患，很多植物都深受其害，農民血本無歸，而刺薯因為在地下難以採收，幸運地躲過鼠患的危害。

鳳梨伯還分享了前些日子跟朋友一起去山上挖野生刺薯的故事。村裡一位名叫鬍鬚勇的老人家在水庫尾附近砍刺竹時，發現到刺薯爬藤的蹤跡；回去跟村中另一位老人家鳥仔伯說這事，這位鳥仔伯又找了另一位文裡伯一同前往鬍鬚勇說的地點探查。兩個人循著刺薯藤的根源向下挖，努力了半天卻只收穫到一小小條，功敗而歸。鳳梨伯聽聞後，改天再與文裡伯同去尋找，這次那一株藤讓兩個人足足挖了三十幾斤的刺薯回來！臺語所說的「鋩角」（音讀 mê-kak）就在這裡。這是山林間最寶貴的經驗值，隱身自然中的神祕美味，可不是每個人都有機會看到、吃到。

此外，惡地區有一種種植歷史超過五十年的特有作物，特別集中在內門，那就是萬能薯。萬能薯又稱萬年薯、薄葉白薇、白首烏、白何首烏、牛皮消、牛皮凍等，長得像藤蔓一般，根、莖、葉皆可提供食用，民間以其用來消炎解毒、去瘀消腫等。萬能薯若土壤太乾、太溼都不易生長。它多樣性的使用方式，與泥岩惡地居民生活緊密相連，是先民智慧的結晶。

萬年薯塊莖

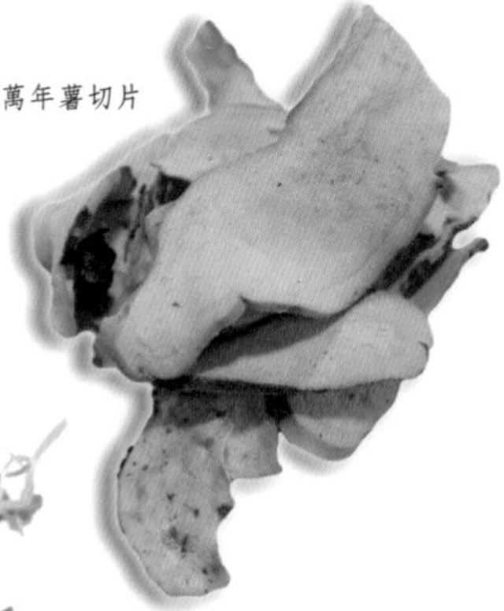
萬年薯切片

曬乾的萬年薯葉

圖片提供：蘇淑娟等著，《帶你去月球：高雄泥岩惡地地質公園》（臺北：國立臺灣師範大學，2021 年）。

惡地招牌——酸甘甜的芭樂、蜜棗

隨著經濟發展，過往以水稻、番薯、甘蔗等短期作物為主的生產地景，逐漸轉變為果樹景觀。果園通常隱身在緩坡、坡腳與平坦的山凹谷地裡，最常見的像是芭樂、棗子、芒果還有芭蕉、龍眼、鳳梨等這一類旱作作物。惡地農民最可貴的精神在於，長久與惡地透過耕種、採集互動，加深了他們對於土地的認識，進一步有機會種植出屬於惡地的美好滋味，就像惡地誕生的名聞遐邇的燕巢蜜棗，便是這樣適地適種的結晶。

我們現在所吃的棗子原本是源於一種名叫印度棗的品種，剛傳入臺灣時期口感偏酸澀，直到一九九一年棗子品種逐漸改良，先引進屏東鹽埔鄉

全臺知名、香脆甘酸甜的惡地芭樂。 攝影：陳瑞珠

的「高朗一號」，甜度高、品質優，改變一般民眾對棗子酸澀的刻板印象；後來燕巢在地果農吳呈在自家田地培育出「蜜棗」品種，個頭大、甜度更高，從此成為全臺最主要的棗子品種，燕巢棗子開始在市面上大放異彩，與惡地芭樂齊名，成為兩個最能代表惡地的水果作物。

泥岩惡地環境內獨特的軟黏質水土，原屬歐亞板塊大陸棚前端沉積在深海中的厚層細密泥沙，百萬年來因板塊碰撞而抬升；因此，海相沉積而成的泥岩，擁有帶鹽分的土地，富含海水環境的鈉離子，土壤中亦有豐富的礦物質與微量元素，例如鎂、鐵、鈣等元素，加上略少的水分，遂孕育出擁有獨特甜度、Q度、酸度和維生素C的惡地水果，使得消費者趨之若鶩，而成為惡地限定的招牌。

對於在地農民而言，大環境的改變讓從農青年變少，以往需要高度勞力的農事工作逐漸不堪負荷；再加上人民的經濟水平上升，種植果樹一類的經濟作物由於時間相較彈性、收入也不錯，就成了新的作物選項。

許多農民選擇不只種植單一作物，而是在每塊零星的耕

地上種植不一樣的作物，以分散自然災害風險，像是棗子的採收季節在冬季、芒果是夏季、芭樂則可以全年採收。農民適地適種，找出更好的平衡機制，不但能夠提高利潤，更吸引了在地對於惡地種植擁有理想的青農返鄉。

燕巢芭樂田園風光
攝影：陳瑞珠

蜜棗與芭樂齊名，是兩大惡地招牌水果。 攝影：陳士文

不酸澀、個頭大、甜度高的惡地蜜棗。 攝影：陳士文

蜜棗廣受消費者歡迎 攝影：林月靜（左）、陳士文（右）

田寮月照農場的園主發哥——朱明發，就曾經以惡地種植的番茄來做比喻，他曾問我：「你不覺得市面販售的番茄愈來愈沒有番茄本身的味道了嗎？」他的田地裡種植的是一種叫「金圓滿」品種的番茄，對他而言，農人就是作物的廚師，不同的農人、土壤所培育出來的作物，會有不同的味道。與市面上普遍受歡迎的薄皮味甜的番茄截然不同，一口咬下園子裡的金圓滿番茄，有種在逆境成長的滋味，皮厚肉Q，帶有野生番茄的青味，果漿多汁酸中帶甜……我想只有在惡地才能種出這樣有個性的番茄味吧。

順應風土而產生的在地民情，正所謂「一方水土，養一方人」。地理研究者鐘寶珍[3]曾提到，在地經濟活動因複雜的環境特質而具有多樣性，農耕、畜牧及林業活動在不同的經濟結構下，在不同時期、不同地點而有明顯差異的組合。也許就是這種對環境適應的彈性，讓惡地生活與眾不同，也讓惡地的故事更加豐富多樣且精采。

月照農場金圓滿惡地蕃茄，皮厚肉Q，帶有野生番茄的青味。 攝影：梁舒婷

2

二仁溪農業——與水共生的美好年代

有水的地方，就有文明。文明之初多由水開始。在水利建設尚未開鑿之前，二仁溪周邊腹地是惡地地區最早可以耕種的地方之一，在地老一輩的人更多稱呼它「二層行溪」（臺語）。

二仁溪流域示意圖

二仁溪發源內門區的山豬湖，流經田寮、阿蓮、路竹、湖內等區，最終在茄萣區的白砂崙與臺南灣裡間注入臺灣海峽，主流全長約六十五公里，發源地山豬湖最高海拔僅有五百多公尺，是屬於臺灣西南部的淺山丘陵地形。

單以河流的長度跟流域面積而言，二仁溪都不算特別，然而這條溪的上游流經臺灣西南部這片泥岩惡地淺山丘陵地帶，為它的出身注定了不平凡的色彩。由於惡地泥岩顆粒細小、不易透水，自源頭內門丘陵起始到田寮崗山頭的這一段，河流中泥砂沖蝕量非常大。根據研究[4]，二仁溪全流域的單位面積年輸砂量是全臺灣河川之冠，終年看到的都是它黃濁濁的樣貌。而日頭曝曬之後，泥漿乾涸膠著，也使二仁溪河道因堵塞而逐年愈趨狹窄。

惡地農業繫於水，當地農民隨著二仁溪的氾濫與乾涸作息著。 攝影：梁偉樂

早期二仁溪的河灘地是比較寬的U型谷，河床大多堆積了礫石，緩流處有細緻的河砂。溪裡面除了有溪魚以外，還有蜆，以及像是手掌一樣大的河蚌（老人家說河蚌不好吃，比較喜歡吃蜆，或是水潭裡的田螺）。在有石頭跟細沙的河裡面，會有蜆可以撿。掏一把沙，摸摸看有沒有紋路，若是幸運摸到，那就是蜆，可以加菜了。

二仁溪的涓涓溪流，俐落地切割河兩岸。沿著河道兩旁，農民辛勤地種植作物，有各式各樣的綠色葉菜，還有地瓜、南瓜、芭蕉等。這幅景象，是二仁溪畔冬季枯水期的樣貌，襯托田園的背景，就是裸露的青灰泥岩惡地地形。溪流除提供農業最重要的水資源，因二仁溪流經惡地形切割出蜿蜒的曲流及大面積的牛軛湖，堆積出

眾多珍貴的肥沃土壤，更讓農民趨之若鶩。

「颱風期一過，北風行、伯勞啼，該下到溪谷種植了。」順應天時的農民知道什麼時候該做什麼「穡頭」（臺語 sit-thâu）。每年的夏末初秋之際，為了爭取更多可耕種的時間，農民搶在九月南部颱風季過後，開始下到二仁溪畔耕種，溪邊熱鬧的景象就像是個「二仁溪畔農作俱樂部」。這為期約半年的時間，二仁溪畔生機盎然，直到次年雨季來臨。雨季時，暴漲的河水再度淹沒溪畔的高灘地，將土壤重新翻新、滋潤一遍，待到當年初秋，農民又會回到這片土地，重新搭建草寮、種植過冬的農作物。夏天的豐沛雨量，年年為二仁溪河畔做整體的大洗禮，上游的泥沙隨著河水帶給土壤養分、也一併帶走了蟲害，還留下肥沃的沖積土壤。二仁溪年復一年在惡地上的漲退就猶如尼羅河帶給埃及生命力的氾濫平原一樣，便是上天賜給在地人的特別禮物。

我們實際走訪一處二仁溪河階的聚落。位於田寮的小滾水，距離二仁溪的主流直線距離不到百米，早期先民選擇在當地居住，是由於可以就近取得二仁溪的水資源。此地地形位處丘陵低窪處，居民最能夠在第一線體驗二仁溪的兩面——一方面提供方便的民生用水，另一方面有潛在淹水的危機。退休於田寮農會的在地居民朱先生與我們分享，住在這裡的人每逢遇到連夜大雨，心裡就提心吊膽、晚上都不敢睡覺。聽著窗外的雨聲，雨的強度不減、時間愈來愈久，我們就知道要準備搬一樓的東西了，因為這裡隨時都有可能會「入厝」。在這邊聽到「入厝」可不是什麼新居落成、值得慶祝的好消息，而是暴漲的二仁溪水就將要流進屋裡了！

你會看到一些人熟練地將一樓的東西往上搬；有些住戶則是一樓不放重量太重或是貴重物品，免得淹水搬不走；還有些居民像是隔壁的柑仔店，直接將一樓的貨物往貨車上丟，待湍急的河水即將漲

田寮月世界風景區入口附近的玉池，主要功能是做為防洪之用。 攝影：王梵

到屋內，便將貨車開往高處停放，以平行的移動來躲過淹水財務耗損的危機。另一處最常淹水的地段就是現在遊客不絕的田寮月世界地景公園一帶，此地因惡地地形最為發達，日治時代便已是著名的風景區。然而夏季的強降雨沖刷泥地，也經常讓河道宣洩不及而溪水暴漲。風景區內有個溢洪池，也就是現在入口處附近的「玉池」，主要的功能便是做為防洪之用，以減緩雨季來自月世界上沖刷下來的雨水以及泥漿，避免直接衝進熱鬧的街區。很難想像月世界旁這一條有二十多家土雞城的繁榮街道，也經常飽受淹水之苦。若民眾仔細看會發現，這裡的土雞城都設有地下室，其實這裡曾大規模進行二仁溪疏濬，並增加了馬路的高度，因此現在看到的土雞城一樓店面，其實早期都是房子的二樓。至此月世界一帶的淹水問題有了很大的改善，在地居民也逐漸摸索出應對水災的防災機制了。

惡地農作辛勞，老一輩凋零後，從事農作的人愈來愈少了。
圖片提供：高雄市政府農業局

然而在地居民也透露，像小滾水、月世界這些地區並非一開始就像這樣經常遭遇水災，而是到民國約七、八十年以後才逐漸形成常態。原本惡地人是依水為生、與水共生，如今水竟成為災難的源頭。

是否因人與大自然的關係改變不得斷言，然而上一代農人的年紀日漸增長，年輕一代人口外移，二仁溪畔耕種的人的確愈來愈少了。在河床上從事農作的人少，河道乏人整理，上游養豬廢水流入溪中肥育了河床的雜草，遂使得河道逐漸淤積，成為狹窄的V形谷。看著逐漸抬升的河床，日漸淤積的河道，每年高雄市政府所費不貲就為了解決二仁溪河道清淤、防洪問題。而耆老口中孩提時期那個可以在寬闊砂石灘中捕蝦抓魚、摸蜆兼洗褲的美好回憶，我們如今得要略施想像力才能勉強拼湊一二了。

3

徜徉惡地的牲畜

來到田寮月世界，放眼盡是土雞城店家，滿街林立的土雞餐廳成為大家印象最深刻的美食風景。其實在臺灣許多像這樣的山區、丘陵地，經常可見土雞或是山產料理的餐廳，然而在惡地的土雞城背後，卻有一段波瀾起伏的故事……

在做惡地導覽解說的時候，我們經常喜歡與客人互動，除了可以增進客人對在地人的印象以外，也能從中認識各式各樣不同背景的來客。每當我問到他們對於泥岩惡地、月世界的在地特產什麼最有印象？有些人可以直接回答出：「芭樂、棗子」，他們知道這些水果挑鹹地種的保證好吃；其他客人十之七八會回答我：「土雞」。來郊外遊覽欣賞美景，還能到土雞餐廳飽餐一頓，已是許多玩家還有老饕們假日休閒的套裝行程了。

林立的土雞城餐廳是田寮月世界最特別的美食街景　攝影：梁偉樂

臺灣西南泥岩惡地之中，田寮、燕巢、左鎮等地都有土雞城料理的餐廳，其中又以田寮月世界地區最為密集。這些店家大多聚集在月世界風景區的入口地帶，臺二十八線主要道路兩側、崇德里北勢宅及南路下地區，這段的路名十分特別，叫做「月球路」，是否感覺登陸月球容易而可達呢？月球路上超過二十幾家土雞城餐廳，光是行車經過搖下車窗都能聞到招牌的豆乳雞與陣陣的燒酒雞料理飄香四溢。現在這條看似平緩的月球路，它的前身可是一段蜿蜒於惡地形的狹窄險坡，在地人稱之為「六工崎」（臺語：六天）。交通險峻之故，當年農人趕著牛羊經過這一段，要連拖帶拉的耗費巨大體力，因此，早年交通不便的時候，要來趟月世界可是件大工程。

近年來，國內旅遊風氣盛行，在地交通條件大幅改善，人們開始為欣賞惡地風光慕名前來，伴隨的餐飲需求也就逐漸增加。根據王東波[5]的研究資料，在地最早的土雞餐廳是一九七六年開設，它原本僅是一間因應往來行旅與植林工人而開的麵店，無意間因工人的嘴饞，央求店家宰殺屋旁漫地遊蕩的土雞來加菜，不料一試成主顧，Q彈有嚼勁的月世界放山雞聲名遠播。至此之後，土雞城就如雨後春筍般一家接著一家開，光是田寮區內就開設逾三十間土雞城，接著擴散到周邊地區，鄰近的路竹區、阿蓮區有八成的土雞餐廳皆為田寮本地人出外開設。

惡地地形尖峰利脊溝壑交錯、缺乏平整的耕地，早期農民會運用零星的土地、甚至是無法耕種的泥岩惡地放養牲畜，幾乎所有農家都會養殖幾隻家禽、家畜，使有限的資源和土地能夠發揮最大的用途。因為要顧及最基本的三餐溫飽，田裡主要作物若不是稻米就是番薯這類糧食作物，在基本的溫飽之外，善用廣大不宜耕種的土地飼養些牲畜，是家戶積累錢財最好的途徑。在鐘寶珍[6]的研究調查中可發現，以農為本的前提下，畜牧僅算是家庭副業，就整體經濟而言，畜牧比重並不高。雖然如此，但由於惡地環境限縮了耕地面積，農人從耕作上獲取的利潤有限，因此若善加運用環境飼養牲畜，可得到的收益對在地人而言就很可觀。先民會在山溝水邊開闢草埔來放牧牛隻，有許多地方的舊地名也可一窺早年畜牧的樣貌，像是「牛稠埔」（今田寮區新興里）、「牛路彎」（田寮區七星里）、「牛寮」（田寮區田寮里）、「牛稠崙」（內門區光興里）還有臺南龍崎區的「牛埔」等。後來耕牛需求降低，豬、羊、雞的需求增加，因此飼養種類上也彼此消長。無論種類如何，惡地居民飼養牲畜的比例，的確遠高於其他周邊地區，也奠下惡地畜牧業基礎。

惡地農民會利用零星的土地放養牲畜　攝影：梁偉樂

惡地放山雞生長環境相對開放，是重要的食物來源之一。 攝影：梁偉樂

在畜牧還屬於家庭副業的年代，農事與畜牧兩者相輔相成，都是生產循環中不可或缺的。飼養行為放在今日，就好像我們在銀行存款會獲得利息一樣重要。外婆年輕時，家中除了耕種田地，也有飼養過少量的牛、羊、雞跟豬。牛、羊主要吃青草，一般農人會在下田的路徑上，收割牧草回來餵食牠們；而另一種方式就是上山放牧，我們聽聞的「牧羊女」、「牧童」也就是這樣來的。當家中壯丁都去做農務了，其他婦女孩童除家務以外，也幫忙到綿延的惡地山上放牧。

惡地泥岩陡坡上間生的灌木草叢最適合擅長爬山的山羊；再加上青灰泥岩富含的礦物質跟鹽分，使得山羊的肉質更加鮮美，田寮放牧的山羊販售到鄰近城鎮——也就是岡山，健康結實的放山羊就成了名聞遐邇的岡山羊肉。至於其他家禽牲畜，吃的食料大多是田裡作物的次級品，像是一些生長不良、或是被蟻象蛀蝕已經「臭香」的「臭番薯」；番薯藤、葉；採收後的蕉莖等等，以及家中剩下的廚餘。另外，家中飼養的雞所生的蛋是珍貴的食材，除了少量取用外，大多是拿去跟附近的日本婆（臺灣日治時期對日本女性的稱呼）換些日用品或是舊衣服回來補丁。此外，雞屎、豬糞都是田間重要的肥料，豬糞裡少有纖維，所以平常掃的落葉、稻稈通通都可以丟進去豬屎窟混和，好讓它們可以「出奋」（發酵、結塊），成為田間非常好的肥料。

今日若來到內門、田寮等地，尚會看到大規模的畜牧業——大型養豬場、羊圈，這些都是約莫五、六十年代以後，因為交通及物流條件改善、民眾消費習慣改變之後才出現的。從傳統養殖轉型到大型

集約養殖，母親曾跟我說過一個關於第一座大型養豬場設置時的小故事。

母親老家位於田寮，家中食指浩繁，因此外公曾有段時間搬到田寮的隔壁鄉鎮，今日阿蓮區港後里居住，在當地飼養鴨子。阿蓮是距離田寮西面最近的平原地區，北田寮有許多居民因養豬後稍有存款，並因工作需求與孩子就學方便之故，在阿蓮購置田產並移居當地。阿蓮的南蓮里還因此有條「田寮巷」，一聽即知是田寮人出外的聚落。民國六十幾年的某一天，外公鴨寮附近出現第一座可飼養千百頭豬隻的大型養豬場。興建之初，周邊鄰居都相當欣喜，一旁種植甘蔗的農人開心地準備要接收來自養豬場取之不盡的豬糞做為肥料。不料不出幾日，上千百隻豬隻的排泄物就堆了甘蔗園將近一尺高，險些把園裡的甘蔗鹹死。蔗農連忙跟豬農反應，急把豬糞改排放到一旁的圳溝裡。這天媽媽的外婆（下面我稱她阿祖）剛好來崙港拜訪他們，卻轉眼不見蹤影，大家都相當緊張。後來在圳溝旁找到阿祖，原來她正在水邊觀望因缺氧浮出水面喘氣的大量苦花魚，至此那條水圳再也見不到任何魚類。大型畜牧業帶來了好處，也對生態造成無法預知的影響，水中的各樣生物驟減，水流的樣貌也跟著大幅改變。

以前當人們聽到二仁溪，就會聯想到從上游內門、田寮排放豬隻廢水的惡臭水溝，後來環保意識抬頭，在地養殖業的廢棄物處理系統也有了很大的改善。如今，田寮境內有培育優良豬隻的專業飼養園區，例如擁有產銷履歷的「嘉田一牧場」。田寮農會主打在地優質的豬肉商品時，計畫輔導更多豬農提升飼養技術、設備、品質與生產力。

由於一九九七年爆發口蹄疫事件，以及內門劃設水資源保護區，因此，部分豬農改為種植對環境負擔較少的火鶴花。內門的工業汙染少、水質乾淨以及溫度適宜，火鶴花在惡地培育成功，成為內門三寶之一，目前也是全國第二大火鶴花生產地。

早期先民的畜牧飼養方式，如今想來是實踐了從搖籃到搖籃的基本概念，即向大自然學習，所有東西皆為養分，皆可回歸自然，整個飼養過程中沒有東西被浪費，就連排泄物都可做為田間肥料。今日現代化科技進步，建立起排泄廢物各種淨化處理、優化再利用的系統。如果人類運用自然資源能夠回到一個循環經濟的機制下，追尋一種使用者與資源廢棄物之間的平衡，應是人與自然共同樂見的未來。

火鶴花在惡地培育成功，成為內門三寶之一。 攝影：王梵

4

惡地傳統作物的再現

早期惡地生活僅靠耕作的收入有限，除了飼養牛羊雞豬等畜牧行為增加收益之外，惡地人還因地制宜衍生出各樣的農事副業，像是種植一些經濟作物增加家用，例如做為麻繩、麻布袋原料的黃麻；傳統掃帚的原料番秈等。此外，進入山林採集當時家戶必備的木柴、竹材、野果，除自家使用外，還能賺點零用錢補貼家用。

惡地最具規模的是滿山遍野的刺竹林，由於該品種耐旱、耐鹽、耐強風，與其他竹類相比更適合在惡地地形生長，種植後對遏止地表逕流造成的土壤流失有很大的助益；且其帶刺的主要枝幹能夠防禦猛獸、標記地盤，因此成為惡地形上最常出現的竹子品種。刺竹是源自平埔族馬卡道族口語中的「TaKao」，後來漢人音譯成為「打狗」，也就是高雄舊地名的由來。日治時期和國民政府時期皆有在此執行刺竹植林政策。

此場景是 2015 年由田寮在地社團崇德社區發展協會透過在地耆老訪談，重新還原再現當年二仁溪放流竹的樣貌，復刻當年流竹歲月。崇德社區是在地對惡地的歷史產業脈絡長期投入研究的團體。 攝影：梁舒婷

復刻古早產業流竹歲月的
竹筏製作 攝影：梁舒婷

昔日因陸路交通不便，高雄內門、田寮到臺南的關廟龜洞一帶，居住在惡地丘陵的居民，會將山上的竹林砍下綁成竹排，在初秋颱風季後二層行溪（即二仁溪）尚未進入枯水期，利用溪水運送至下游的「竹仔市」（今高雄市茄萣區的白砂崙地區）販賣，在當地形成獨特的「放竹排」（臺語，或稱放流竹）文化。

在地曾有放竹排經歷的耆老為我們解說這段歷史，放流竹排的竹子，依用途分為「大竹」、「長枝仔」、「翹頭仔」、「竹頭仔」等。大竹長約一丈八（五米半），可用來蓋房子或做椿材；長枝仔長約二丈四（七米半），可做蚵架、圍籬、曬衣桿等，用途廣泛；其中又以翹頭仔價錢最好，可以用來製作海上捕魚用的竹筏。大竹約十八至二十支綁成一排（一艘），長枝仔約二十至三十支綁成一排。為方便竹排在溪水放流，一艘竹排寬約四尺，長度則視竹子的品種，一般都連結個五至七排放流去販賣。過程最少需要兩人一起同行，排頭由有經驗的年長父兄手持長篙在最前面引導整體竹排方向，最

復刻流竹歲月的竹筏下水　攝影：梁舒婷

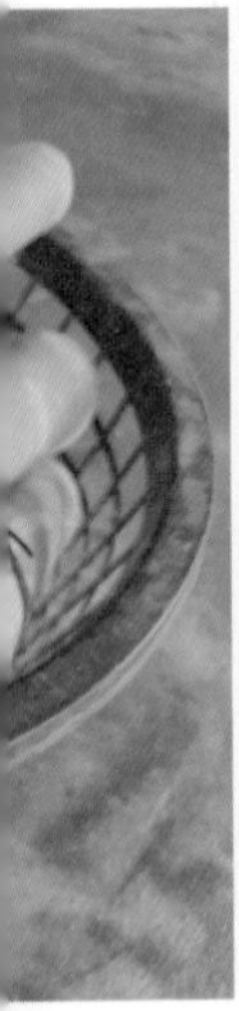

援剿人文協會舉辦工作坊，傳承在地林聰旗老師傅的竹藝文化。 攝影：林月靜

後一排則由較年輕的男性手持短篙推拄淺灘，確保排尾行進順暢。若從最上游的內門開始起算，大約要經過兩至三天的時間才會到白砂崙。抵達竹市後，有些人會一次盤售他人，馬上啟程返回家鄉；也有人會在竹市待上十天半個月，以期賣到較好的價錢。夜宿的地方，就用兩根竹竿斜插在地上，上面綁上由竹編跟芒草製作的一片雨遮，成了最簡易棚架。白砂崙竹市約有兩百多個攤販，相當壯觀，整個竹仔市集人來人往、川流不息，客人最北遠自嘉義布袋而來，南從彌陀、梓官到此，交易暢旺。

放流竹的工作存在一定的風險，若流竹排遇到下雨天，竹排會因水流過於湍急而難以控制，曾經有竹農遇到大颱風，在半路棄竹排逃命。大多數拉竹排者都能游泳自保，但也有少數人是旱鴨子，一遇到緊急狀況，就只好緊抱著竹排以求保命。據說內門段就

攝影：陳瑞珠

簡單一張竹椅，從選材到完成，處處可見先民智

攝影：陳瑞珠

攝影：林月靜

曾經有竹農落水失蹤、下落不明。後來橋梁等交通建設日漸發達，牛車、三輪車可走陸路運送竹子，「放竹排」、「竹仔市」約於民國六十幾年成為絕響。今日的惡地環境、溪流變化已不復往日，當年在排尾的小夥子，早已是耄耋老者，很難再重現當年的流竹場景。

在塑膠工業不普及的過去，竹製品於民生用品中占有相當重要的地位。近幾年來，燕巢鄉援剿人文協會[7]有計畫地傳承在地已逝的老師傅——林聰旗的竹椅技藝。老師傅對竹工藝的執著，從製作一張竹椅便知。一開始選竹材就很講究，要挑選冬至前後十天採收的刺竹，最富韌性不易腐爛；然後充分曝曬乾燥約一個月，才開始刨除竹膜、切成小段進行製作。取材、剖竹、編織、鑽孔、榫接等，處處都可看出先民的智慧，好的竹材與製作方式能延長一把椅子的壽命，更讓椅子變得有溫度。林聰旗老師在世時曾獲頒行政院文建會獎牌，並列入傳統民間藝人錄。

竹子之於早期惡地的生活十分重要，竹筍可以鮮食、製作筍醬、筍乾；竹子除了可砍下來販售，亦可做為日常薪柴燃料，還可編製器具如竹簍、竹籃、畚箕、雞籠、斗笠等做為日常用品使用或販售，

竹子對於早期惡地日常生活十分重要 攝影：梁舒婷

增加農作物以外的收益。近年有愈來愈多的社團關注竹工藝的傳承，例如高雄田寮的古亭社區發展協會、內門馬頭山自然人文協會以及臺南市龍崎永續發展協會。

田寮的古亭社區由於大部分面積惡地形發達，農作物相對缺乏，故有許多人以竹編魚簍維生。在地竹藝師傅許增利說，在他小的時候，家戶孩子放學後都要學編魚簍打底的工作。他的技藝傳承自母親，小時候也曾有好幾年跟著家裡編魚簍賺錢；直到青壯年時期，大環境轉變，竹編製品的需求量減少，自己就到外地工作而沒有繼續從事竹編。近年工作退休回到社區，透過社區的竹藝傳承計畫重新拾回當年竹編的手藝，逐漸做出自己的興趣。距離古亭社區不遠的馬頭山，也有一群對竹工藝有深厚感情的社區夥伴，他們與專業的師傅一同使用在地生態元素「厚圓澤蟹」設計並打造出一座竹編公共藝術，成為馬頭山生態基地相當重要的地標。

臺南龍崎早期也有許多人依靠竹、藤編維生，

馬頭山以厚圓澤蟹為意象設計製作的一座竹編公共藝術　攝影：梁舒婷

素有「采竹之鄉」雅稱。在地達人黃秀味小的時候，每天放學都要跟著家人製作斗笠，也為自己賺取些許零用錢好來添購上學用的筆記本、鉛筆等用具。從小練就一身好手藝的她，對於斗笠的「鳥仔目」情有獨鍾，現在的她能運用這些技法製作出許多別出心裁的竹編工藝品，從大、小不等的斗笠、竹籃到精緻的別針胸花都難不倒她。近年臺南市文化局於龍崎舉辦的「空山祭」藝術活動，遊客手提的竹編燈籠就有許多是由黃秀味親手製成。想認識更多惡地竹子的應用，可以到龍崎的「百竹園」參觀，臺南竹會長期深耕竹產業教育，在這裡種植多達百種不同品種的竹子，讓民眾除有機會瞭解不同竹子的生長特性，並可參觀從剖竹到製作竹製品的整個過程，也可預約現場的手工藝體驗活動。龍崎虎形山公園旁的「竹炭故事館」有龍崎區農會輔導生產的各項竹產品，例如竹醋液的沐浴用品、竹炭相關生活用品，還有可以食用的竹炭麵、竹筍麵等，為老東西添新意，幫助傳統產業轉型；只要有需求的地方，就不會被時代淘汰。而這幾年在地也有更多人關注並開設竹藝傳承、竹產加工等課程，讓無論是曾做過竹編的老手或是對於竹工藝有興趣的新人，都有機會可以加入竹材應用這個領域，原本在地沉寂一時的竹工藝又恢復了一線生機，加上民眾對於環保減碳意識的提升，全世界對於竹材應用更趨重視，惡地竹產業的發展著實令人期待！

還有另一項重要的民生用品也是早年惡地居民重要的經濟作物，那便是黃麻。早期工業產品不普及的年代，家戶並沒有塑膠可使用，黃麻就成為十分重要的長纖維作物。表皮纖維可用來製成麻布袋，麻繩可用來做牛羊索、豬腳步、籮筐索、鞋根索、粽貫等；其葉子可以供飼養豬隻；中心的黃麻骨部位，居民則會將其剖半並裁成約手掌長度做為「屎篦」。早期尚無工業造紙技術，黃麻骨是相當難得的天然軟木，可說是早年的高級衛生紙。整株黃麻都是寶呢！黃麻一年一穫，約在每年清明前後播種，白露時節、也就是約在中秋前採收完畢，否則會「惜皮」，意思是在刨皮時纖維與表皮不容易分離。成長期間需要經過除草、施肥、疏苗等過程，辛苦自不在話下。

紅皮黃麻的採收過程繁複又吃力，在田裡要連根拔起，敲掉泥土，運載回家置於稍有遮蔭處，接下來就是全家總動員的時候了。首先折斷帶葉的枝梢，一股作氣從尾端向根部撕下外皮。第二道工程是最費力的刨皮，通常是大人坐在矮板凳上，在一長條凳上將剛剝下來的皮以特製刨刀削去頭部的根部表皮，然後再以刨刀按住，

黃麻採收後經人工處理可成為各種日常用品　攝影：梁舒婷

黃麻是惡地重要的經濟作物　攝影：梁舒婷

傳統作物帚用高粱，在地人稱之為「番粟」（番秫），取其花穗乾燥後當做掃帚使用。 攝影：梁舒婷

讓小孩用力握住頭部往前拉，這時原來紅色的黃麻已變成一條灰白色、又薄又軟的長纖維了。最後在烈日下曝曬一天即可紮成綑，趕牛車在中秋節送往黃麻市，也就是現今的籮筐會去販賣了。

每每在刨黃麻時就可聽到崇德社區關懷照顧據點的老人家們細數小時候的辛苦與悲慘，諸如拉黃麻的姿勢不對，就會被用刨刀敲手背；用力的拉住麻繩到都要脫肛了，不慎手滑還是被大人罵等等。好一點的大人會軟硬兼施的說，賣了黃麻就可以買中秋月餅吃，孩子聽到有奢侈的月餅可吃，再辛苦都甘之如飴了。多年後這些辛苦歷歷在目，成為寶貴的回憶。

值得一提的是，崇德社區除了復育黃麻以外，還從耆老口中找到一種傳統作物——帚用高粱。這種作物在臺灣較為旱作的地區尚可見到，在地人稱之為「番粟」（番秫）。帚用高粱是取其散開狀的花穗乾燥綁紮後當做掃帚用。當高粱穗轉成磚紅色時，連同長近百公分的長柄一起砍下，置於稻埕中曬乾，再將種子打下供人畜食用，空穗則用來綁掃帚。先把部分花穗排列好，紮成扇形，邊綁邊慢慢再加入其他的花穗，這時就需要麻繩與柴刀的協助了。麻繩一端在帚把上繞數圈，另一端繩子便緊緊牢牢繞在柴刀柄上，腳踩住帚柄將手中刀柄使勁拉，百公分左右長的掃帚就完成了。這樣的繩圈有七個，這是有典故的，對應文公尺上的天、地、人、富、貴、貧，再輪回到天字上，民間特有的掃帚文化都表現了此一信仰。新居落成時一定要買一對新掃帚擺在家中，以顧新居；道路剛建好時，也會拿掃帚掃那條路，象徵把厄運掃走以迎接幸運；神明出巡時，在前導隊裡也要有持掃帚的信徒象徵性的淨街。

除了竹編、黃麻、高粱等這類製作傳統民生用品的作物，有一種惡地傳統食物現在不常見了，那就是耐旱的葛鬱金。位於臺南左鎮的公館社區發展協會，致力推廣葛鬱金這項傳統食物已有近十年的時間。葛鬱金在地方又稱做「粉薯」，食用方式與番薯相似，其耐旱的特性，早年在惡地也普遍可見。它最主要功用是要做成葛鬱金粉（粉薯粉），製成的方式相當繁複費工，全程都是由純手工製成，一共要經過掘取、洗淨、壓榨、水洗、沉澱、曬乾等步驟，最終十斤的葛鬱金只洗出一．五斤的粉，可謂粒粒都是先人智慧的結晶。

老一輩的人將葛鬱金粉加上幾匙黑糖，或水攪一攪，就是夏天最棒的消暑聖品。今日公館社區為了延續老一輩的傳統智慧，研發出符合現代人需求的產品，推出像是葛鬱金麵條、面膜、輕青霜（修護

葛鬱金農田

葛鬱金收成時的農忙

葛鬱金做成的特色風味餐

研發出符合現代人需求的葛鬱金輕青霜　攝影：賴政達

皮膚不適功能）等，也在社區導覽小旅行中將葛鬱金入菜，成為社區的特色風味餐點。因為無法大量製造、生產，這些都需要到現地才能實際體驗，在地發展深度小旅行，已成為民眾認識惡地的一道窗口。

惡地的農業發展受到先天環境限制，無法大規模耕種，這種傳統農耕方式，反而成為現今有利的商業模式，讓我們有機會透過小旅行，帶領民眾認識惡地，有機會去反思「傳統」的價值。當人們不斷被推往現代文明的浪潮中，科技快轉得讓我們沒有時間仔細思想，什麼樣的生產樣態才是最符合自然界應有的平衡、資源合理運用的方式是什麼、環境如何永續生生不息、怎樣的生活作息才能擁有健康的身心靈……。惡地似乎讓時間停留在某種人與大自然的平衡狀態，而那是一個擁有美感的時代。

惡地讓時間停留在某種人與大自然的平衡狀態　攝影：梁舒婷

注釋

1 日治時期，臺灣大量種植甘蔗以發展糖業；日治時代結束後，甘蔗的種植與經營轉交台糖，隨著時空變遷，在地幾間糖廠也在近幾年陸續結束經營。

2 《拾穗者》（法語：Des glaneuses），或譯《播種者》，是法國巴比松派畫家讓-弗朗索瓦·米勒最著名的作品之一，繪於一八五七年，現藏於奧塞美術館。《拾穗者》以舊約聖經路得記——路得與波阿斯的記載為藍本。路得在波阿斯田裡撿麥穗，供養她的婆婆拿俄米，反映農民要讓貧苦人撿拾收割後遺留的穗粒以求溫飽。

3 鐘寶珍，《惡地上的人與地—田寮鄉民生活方式的形成與內涵》，國立臺灣師範大學地理研究所碩士論文，一九九二年。

4 吳進喜，〈二仁溪流域的環境變遷與聚落發展〉，《臺灣文獻》第六十二卷第二期，二〇一一年六月，頁六五至一〇一。林冠瑋，《臺灣地區之河流輸砂量與岩性、逕流量及地震之相關性》，國立臺灣大學地質科學研究所博士論文，二〇一〇年。

5 王東波，《月世界土雞城飲食文化之研究》，國立臺南大學臺灣文化研究所教學碩士論文，二〇〇七年。

6 同注3

7 燕巢鄉援剿人文協會成立於一九九五年，是高雄縣第一個立案的文史工作社區總體營造團體。近二十年的時間，始終致力在發掘紀錄燕巢在地文史，並進行環境保育、自然生態、地質公園等推廣教育。

參考文獻：

1 訪談：丁素貞、黃惠敏、洪德興。

2 《遠見雜誌》三九二期，二〇一九年二月號。

3 崇德社區發展協會，〈二仁溪中游的自然與人文〉，《文化局社區營造計畫補助計畫成果報告》，二〇一七年。

4 野人谷生態顧問有限公司，〈惡地生機：馬頭山地區特色植物考察篇〉，《財團法人國家文化藝術基金會 2020-1 期常態補助成果報告》，二〇二〇年。

5 黃建明，《燕巢鄉印度棗產業發展與農民生活》，國立臺南大學臺灣文化研究所碩士論文，二〇一〇年。

6 梁舒婷，《再繫惡地鄉土情—黃麻與高雄崇德社區營造經驗》，國立臺南藝術大學建築藝術研究所碩士論文，二〇一七年。

7 援剿人文協會，《遇見燕巢新故鄉》（高雄：援剿人文協會，二〇〇三年）。

Part V

刺竹林帶的生物群像

——失落與再發現

童山濯濯的泥岩惡地與遍野的刺竹，生人難近，卻讓生息於此的動、植物得以綿延至今。春雨帶動萬物復甦，彩竹時節過後，竹林下小巧的鬼蘭靜靜綻放，脈葉蘭、密毛魔芋競相生長，淺水邊與厚圓澤蟹鬥智的食蟹獴、泥水地裡嬉耍的小梅花鹿、夜裡光顧蕉園的白鼻心與臺灣刺鼠、鑿地挖洞的穿山甲與荒草間翱翔的東方草鴞……惡地不惡，遍布生機，這裡是眾人遺忘的桃花源。

撰文／柯伶樺、邱峋文　攝影／柯伶樺

1

庇蔭生靈的惡土衛兵

——惡地植物

泥岩惡地嚴苛的環境，對植物形成強烈的選汰壓力，它們需極力發揮十八般武藝，演化出適應環境的生存策略，才能落地扎根，生存繁衍。帶刺長鞭條層層纏繞以及季節間的換葉策略，讓高大的刺竹成為適應此氣候型的優勢植物。

臺灣西南廣闊的泥岩惡地，是遠濱海相沉積下來膠結鬆散的泥，在弧陸碰撞被抬升露出地表，經過長年風雨的差異侵蝕後，塑造成現今陡峭崎嶇的樣貌，層層疊疊的青灰色稜脈，荒蕪又壯麗。

嚴苛的地質與氣候條件，選汰出高耐壓植物

這片海拔一千公尺以下的麓山帶是近數百萬年隆起的區域，與中央山脈相比，地層較為年輕、岩層埋藏的深度淺，尚未受到變質作用；而出露地表的，多是沉積在淺海大陸棚上的沉積岩。從臺南玉

井到高雄燕巢一帶，分布著厚度四千多公尺的泥岩質沉積岩，海相沉積的環境，讓岩層中含有大量的鹽分與礦物質，在光線照射下，閃現銀子般的色澤，如前篇所述，當地人稱它為海銀土。在遇到大雨時，無法滲入的雨水在地表漫流，溶解了表層土的鹽分；沒有了鹽分的膠結作用，細緻的泥粒變得鬆散，隨著雨水流動，形成泥流，侵蝕著地表柔軟處；經過長時間的差異侵蝕，地表於是被蝕刻出大大小小的侵蝕溝與陡峭的稜脊。

不過這裡的地層並不全然為泥岩，當中偶夾著砂岩層，而當這些砂岩層或泥砂互層的區域出露地表時，因組成的顆粒較粗而有較多的孔隙，水分容易滲入，成為泥岩區難得的水分涵養處。

迥異於北部全年有雨的天氣型態，西南部是夏雨冬乾的熱帶季風氣候。南北狹長的臺灣島，坐落於北回歸線經過的北緯二一．八至二五．六度間，因此島上的天氣受到熱帶與溫帶兩大氣候系統影響。島嶼多山，攔截了各路水氣，豐潤了生息於此的各種生命。春末的梅雨、夏秋的颱風，是這時節主要的雨水來源，而夏季從熱帶海面吹拂而來的西南季風，溫暖、潮溼，更為迎風的西南部帶來不少降水；到了冬季，轉由東北季風掌控島上的天候，這時從北方下來的空氣，寒冷也常富含水氣，讓迎風的北部溼冷一整個冬天。

冷冽的水氣順著地勢抬升吹往高山，跨過雪山山脈、中央山脈一路往南，層層疊疊的山巒，阻擋了季風的前行，幾乎將所剩的水氣都攔截了下來，飄落山頭，堆起層層的冰雪；那殘餘能到達山後西南部淺山、平原區的冷高壓，勢力已被大幅削弱，大多也已是乾燥的冷空氣，無法為此區帶來降水。因此西南半壁成了東北季風的雨蔭帶，夏雨冬乾。

西南部的冬季，是全島最乾旱的地方，根據中央氣象局二〇一四至二〇二一年位在泥岩區氣象測站的降水量資料來看，平均冬雨率[1]僅〇．〇四，意味著從秋末十一月至隔年初春三月的近半年裡，平均降水量僅有全年的四%，有些年分甚至只有一%。乾旱的季節裡，泥岩地表堅硬，植物的根系不易穿透深入，而長時間的乾旱，若沒有能保留住水分的岩層，植物容易缺水死亡；再加上熱帶豔陽的照拂，可溶性鹽類便隨著強烈的蒸散作用蓄積於地表，脆弱的幼苗更易受到高鹽分的危害而死亡。

這種種嚴苛的環境條件，形成強烈的選汰壓力，尤其是地形陡峭的地方，在年年雨季沖刷下，根基尚未抓牢的植株就會隨著流失的泥土崩落，愈發不易有新生幼苗；而在緩坡與平緩處，放眼望去，則幾乎全是刺竹（*Bambusa stenostachya* Hackel）的天下。灰白與翠綠，兩種地貌交錯連綿數萬公頃，景觀無比壯麗，但尖山利脊的裸露地，難見生機；優勢的刺竹林，形塑出植被單一的外觀，讓人容易產生貧瘠的印象。

惡地連綿的刺竹景觀　攝影：梁偉樂

刺竹的刺網以及新筍　攝影：柯伶樺

在這般高壓的環境中，植物需極力地發揮十八般武藝，演化出適應環境的生存策略，才能落地扎根，在此生存繁衍；高大的刺竹便是相當適應此氣候型的植物，因此成為西南泥岩惡地裡最外顯的優勢植物。

刺竹的生存策略

竹子依地下莖的生長方式大致可以分為聚集生長的合軸叢生（Pachymorph）和具走莖的單桿散生（Leptomorph）兩大類，高大的刺竹便是密集叢生的型態，竹叢基部的長鞭狀枝條上，每節都輪生著三根銳利的棘刺，帶刺的長枝條纏繞住整叢的竹子，形成刺網，這是其名字的由來；而這特徵與季節間的換葉策略，讓其更能適應熱帶季風林的半乾旱氣候。

三月初，當驚蟄時節的春雷敲響後，天氣逐漸轉暖，宣告著乾季即將結束，此時刺竹冬天的老葉開始脫落，同時生長出新綠的葉子，若恰逢雨水滋潤，冬葉在落下前，便會轉為色澤飽和的橙至黃色，搭上嫩綠的新葉，在陽光照射下，惡地退去了冬日的蕭瑟，轉為色彩斑斕的世界。美景不待數日，一陣風過，竹葉便大量飄落，這轉瞬即逝的「彩竹時節」正是此區著名的一大景觀。在水分充足時，新生的葉子（夏葉）會展成薄片，枝葉生長茂盛、綠意盎然，讓植株能盡其所能地吸取陽光，更有效率地進行光合作用，快速製造生長所需的養分，這也讓夏季出的筍能快速長大成新竹。

九月後，雨水減少，春天發的大葉子，雖然能進行強力的光合作用，但面積大，水分蒸散的速度也快，這在接下來缺水的半年乾季裡，成為致命的器官。因此在乾季來臨前，刺竹便會落下夏葉，換上較小而厚的冬葉，減少水分散失，同時也能保留光合作用的能力。在乾季水分缺少的時候，刺竹基部枝條的分枝與葉無法正常發育，短縮形成尖銳的硬棘刺；旱期愈長，帶刺的長鞭狀枝條就生長得愈密集，重重圍繞住竹叢，保護自己不被草食動物輕易啃食，尤其是隔年夏季新出幼嫩的筍。除了典型的兩次換葉模式，生物具有的特徵可塑性也讓刺竹可以調整落葉時機，以面對更嚴苛的乾季水分限制，若乾季水分不足以支撐冬葉到來年春天換葉，刺竹也會提早先落掉冬葉。種種適應環境的策略，使得刺竹成為此區的優勢物種。

雖然刺竹外表不易親近，但近年中央研究院生物多樣性研究中心邱

橙黃與新綠交錯的彩竹時節　攝影：余通城

三月，刺竹的冬葉轉黃。　攝影：余通城

六月，換上夏葉的刺竹林，雨後更顯蓊鬱翠綠。　攝影：柯伶樺

志郁研究員的研究團隊在進行西南泥岩惡地的土壤研究時，發現刺竹在惡地環境中扮演著關鍵的先驅角色。它散布於土中的根系，將泥岩土塊擴張，增添了土壤的孔隙，有利於雨水滲入與流出，進而洗去土壤中的鹽鹼物質；而會換葉的刺竹，林下累積的枯葉量多，提供了大量枯葉有機物，提升土壤的保水性與通透性。刺竹的生長特性改善了土壤的微環境，減輕土壤環境的生存壓力，讓竹林下的土壤更適合各種菌落的生長，細菌多樣性便遠高於裸露處。當土壤中有高多樣性的細菌時，便有助於土壤中各種物質循環機制的運作，因此刺竹的生長能改善泥岩土壤的物化性質，進而營造出有利於後續演替的環境條件。[2]

新生的刺竹在泥岩地的根系生長狀況較其他植物佳，發達的根系能抓緊土壤，穩固土地，加上栽植容易，因此林務局為防風與水土保持之需，刺竹常常在造林植種之列，尤其是在泥岩丘陵區。根據高雄田寮鹿埔里村人盧宗正的觀察，大雨時，從半山腰看雨水流經林務局造的刺竹林時，水的濁度並不高，而自家後的山坡種了一些果樹，水則是混濁的，土壤流失的速度快許多，可見其水土保持的能力相當不錯。

帶刺長鞭狀枝條圍繞形成的刺網，讓刺竹顯現生人勿近的樣貌，也讓刺竹成為早期防禦工事的絕佳材料。過往住在高雄一帶的馬卡道族會將刺竹種植於聚落附近做為圍牆，以抵禦山賊強盜，族語的刺竹呼為Takau，便是高雄的古地名「打狗」。

清康熙年間，總兵王萬祥也有以種植刺竹圍城的上表建議：

「議植竹為城者，以竹種獨異內地，叢生台沓，間不容髮，而旁枝橫勁，條節皆刺。若夾植二、三重，雖狐鼠不敢穴，矢砲不能穿，其勢反堅於石，而又無舂築之勞。但令比戶各植數竿，不煩民力而民易從，期月之間，可使平地有金剛之壯。」

這將刺竹叢的樣貌與生長快速描寫得相當精確。

穿不得的竹陣，也讓團隊近年在泥岩惡地裡進

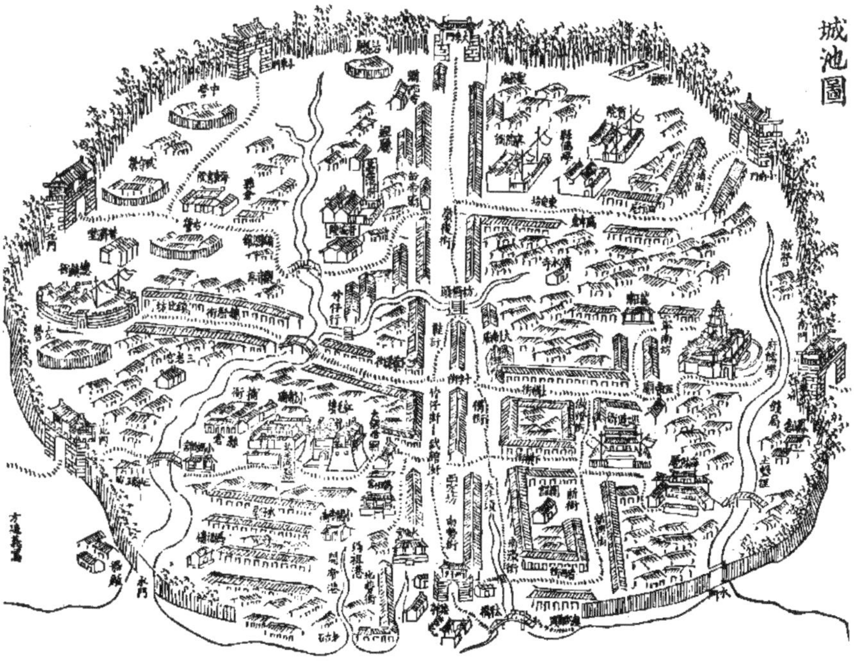

王必昌《重修臺灣縣志》臺灣縣城池圖，1752 年。圖中可見清代雍正年間首次興建的臺灣府城城牆是由刺竹與木柵圍繞而成。 圖片來源：© Wikimedia Commons

行生態調查時，吃足了苦頭。在無人管理的刺竹林中，帶著柴刀，儘管已是盡尋叢間的空隙，彎彎繞繞，奮鬥了兩、三個鐘頭，也不過只能前行不到兩百公尺；而這僅是彎繞行走的距離，與地圖上預設到達的樣點，直線距離僅僅推進五十公尺左右，後頭還遠的，真正是蜀道難。而此時身上的衣服與露出的皮膚早已是傷痕纍纍了……。

除了防禦工事，早年刺竹也是惡地人家重要的自然資源，它的用途廣泛，從吃的「風打筍」[3]、各種日用的竹框、竹簍、魚筌、扁擔、牛軛、生囝椅仔等，到住居的「柱仔腳厝」，一根竹子從頭到尾，利用得淋漓盡致。裁取刺竹[4]是一大功夫，柱仔腳厝與各種竹具的製作技術更是積累了許多山村人家的智慧。在香蕉大量外銷的黃金年代，裝運香蕉用的竹擔、竹簍，皆是刺竹編織而成，成就了西南泥岩惡地一帶的竹產業。竹產業不僅支撐了香蕉外銷所需的容器，也發展出二仁溪獨特的流竹文化，供應位在出海口的茄萣一帶人家做為蚵架使用。刺竹不僅是泥岩惡地自然環境重要的存在，更是惡地人家重要的資產。

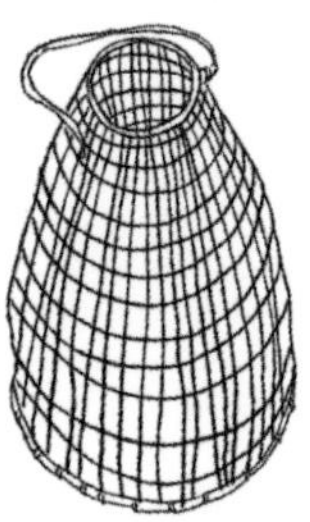

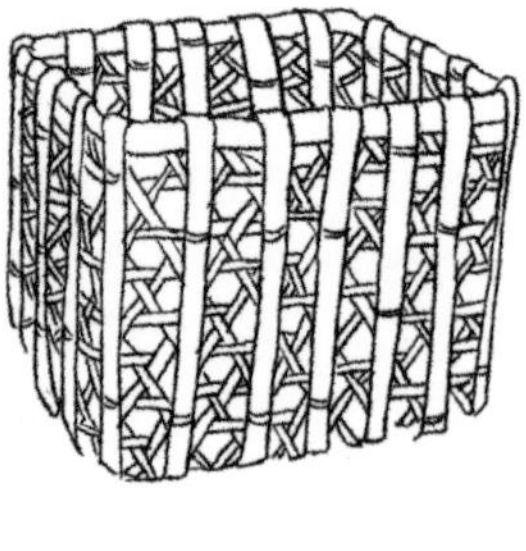

氣候以及種子植物的生活型譜

植物為了適應氣候環境的差異，產生了不同的生活型。在勞恩．凱爾（Christen Raunkiær）1934 年的研究中，以生存芽受保護的程度——與土壤的距離，來判別植物對嚴苛環境的適應性與抵抗力，將種子植物分成五種主要的生活型。

一、挺空或地上植物（Phanerophytes）：生存芽位於距地面 25 公分以上的枝條上，多為喬木、灌叢。

二、地表植物（Chamaephytes）：生存芽位於離地面 25 公分以內的枝上，可以受到冬雪或植物掉落的枝、葉保護，大多為多年生草本。

三、半地中植物（Hemicryptophytes）：生存芽剛好位於土表，能受到冬雪、落葉層與土壤的保護，大多為二年生及多年生草本。

四、地中植物（Cryptophytes）：生存芽在土中或水中，在嚴苛的季節時，便能受到土壤或水的保護，例如一些具球莖、鱗莖或地下塊莖、塊根的植物。

五、一年生種子植物（Therophytes）：沒有生存芽，以休眠種子的形態，度過不良季節。

種子植物群聚的生活型譜（life form spectrum）便是這五種型態組成的比例，因為這顯示了群聚對氣候環境的整體反應，因此生活型譜能看出各地區的氣候特點。例如在潮溼的熱帶，主要是以挺空或地上植物占多數；一年生種子植物則盛行於具有一段乾燥期的地區。

梁耀竹 2011 年的研究中，將臺灣西部惡地分為礫岩、泥岩、石灰岩三種地形，並研究這三種惡地的植群特性。在生活型譜的分析中，三地均有超過 50%高比例的地上植物，說明了臺灣暖溼的大氣候類型；而因應西南泥岩惡地半乾旱的氣候特性，有較高比例的地中植物與一年生草本組成，這顯示了泥岩地是這三種惡地形中，環境條件最惡劣嚴苛的。

資料來源：

1.Raunkiær, Christen. 1934, *The Life Forms of Plants and Statistical Plant Geography.* Oxford: The Clarendon Press.

2. 劉棠瑞、蘇鴻傑，《森林植物生態學》（臺北：臺灣商務印書館，1983 年初版），頁 462。

3. 梁耀竹，《臺灣西部惡地之植群調查》，國立中興大學森林學系碩士論文，2011 年，頁 125。

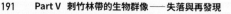

四月，臺灣魔芋簷部酒紅色的佛焰苞，為地表添上一抹色彩。鳥趾狀複葉在花謝後才萌發，花謝後的漿果是美麗的藍、紫色。 攝影：柯伶樺

繽紛喧鬧的林下世界

在高大的刺竹林下，還生長著各具特色的草本植物，如魔芋（*Amorphophallus* spp.）、脈葉蘭（*Nervilia* spp.）、垂頭地寶蘭（*Eulophia cernua* (Willd.) T.C. Hsu, *comb. nov.*）等地中植物，以及羞禮花（*Biophytum sensitivum* (L.) DC.）等世代交替快速的一年生草本植物等，它們各有其避開不良季節的生存策略。在生命蟄伏的乾旱季節，地上植株或消失、或僅剩散布的小種子，地表覆蓋乾枯的落葉，想要從眼見的地表發現它們的蹤跡，是相當困難的。

一直等到春末雨季來臨時，有著簷部大大酒紅色佛焰苞的臺灣魔芋（*Amorphophallus henryi* N.E. Br.）首先竄出土；四重溪脈葉蘭（*Nervilia crociformis* (Zoll. & Moritzi) Seidenf.）、紫花脈葉蘭（*Nervilia plicata* (Andrews) Schltr.）小巧精緻的身影也跟著出現；接著密毛魔芋（*Amorphophallus hirtus* N.E. Br.）也不甘示弱，快速生長，一日可以抽高

五月底，幾場大雨過後，「雷公槍」衝出地表，快速長高。長長的花柄上長著佛焰苞花序，佛焰苞包覆的花序軸長著雄花（上半區）與雌花（下半區）；最上方的暗紅色附屬物密生長毛，因此稱為密毛魔芋。全株最高紀錄可達 2.8 公尺，成熟時會散發出屍臭味，藉以吸引蒼蠅等傳粉者。 攝影：柯伶樺

二十公分！一些族群聚集的地方，瞬間將竹林下幻化為魔芋森林。它拔地超過人高的模樣，若還無法讓過路人意識到它的存在，幾日後它所散發出的味道——一股濃烈的腥臭，宣告著它的地盤，必定會讓人無法忽視。地表冒出的還有垂頭地寶蘭、廣葉軟葉蘭（*Dienia ophrydis* (J. Koenig) Ormerod & Seidenf.）等中大型的地生蘭花，成串的花朵，各具風采。

到了夏末秋初，在潮溼的砂岩壁上，有機會發現只有兩片粉色花瓣的岩生秋海棠（*Begonia ravenii* C. I Peng & Y. K. Chen），它是臺灣唯二的宿根型秋海棠[5]，乾季時僅剩休眠的塊莖與走莖，等到來年雨季時，便會從休眠的走莖上萌出新葉。除了這些花期短暫的宿根植物外，還有整個雨季都有機會在路旁巧遇的嬌滴滴的羞禮花與澤瀉蕨（*Parahemionitis cordata* (Roxb. ex Hook. & Grev.) Fraser-Jenk.），這些小巧的草本，將林下點綴得熱鬧非凡。雨水，是推動繽紛生命循環的重要推手。

紫花脈葉蘭可維持一週左右，每日隨著日出開展淡紫色花瓣，近午時閉合。花葉不相見的脈葉蘭，在花朵謝後才開始長葉子。精緻的葉子貼地而生，一株只長一葉，待到乾季來臨前，便枯萎不見。 攝影：柯伶樺

五月，脈葉蘭小巧精緻的花朵陸續綻放。一朵潔白的四重溪脈葉蘭僅開一日，清晨開，近午便凋萎。 攝影：柯伶樺

廣葉軟葉蘭又稱貓尾蘭，花莖自莖頂新葉間抽出，長 20 到 40 公分，頂端生著近百多的小花，花尚未開時為嫩綠色，漸轉為黃綠，盛開時呈紫色到紫紅色，配上彎曲的花莖，就像彩色貓尾巴。 攝影：柯伶樺

雨季期間，有時在路旁便可發現株高 10 到 20 公分、袖珍的羞禮花。單莖向上，羽狀複葉叢生於莖頂端，狀似一棵小棕櫚樹，也像一把撐開的「破雨傘」，在地人都這麼稱呼它。它的葉片受到撥弄時，便會害羞的合起來，因此得名「羞禮」花。泛熱帶區分布的羞禮花，在臺灣數量不多，主要分布於嘉義以南，是亞洲最北的分布地。 攝影：柯伶樺

初夏六月，垂頭地寶蘭長新葉的同時也抽出花莖，花莖頂端會在花開時慢慢彎曲下垂，待盛開時，彎曲 180 度，讓唇瓣可以位在花朵下方，以方便傳粉昆蟲停留。花有白色與粉色兩種，待花開過後，花莖便會再度轉為直立，以便種子散播。
攝影：柯伶樺

單葉叢生的澤瀉蕨，是國家易危等級的蕨類，葉有兩型，具有褐色鱗片，孢子葉柄長，約營養葉長的三倍。營養葉近地生長，心形至長心形，末端圓鈍。在臺灣只分布於南部低海拔季節性乾燥環境。 攝影：柯伶樺

在地人稱山梨仔、山豬肉Y的大葉捕魚木是少見的稀有植物，枝、幹早年做為柴薪使用。葉歪卵長橢圓形，黃色的長圓線形萼片比花瓣顯眼，花瓣會由黃轉變成橘至紅色。球狀的小果實僅5到6釐米大。
攝影：柯伶樺

臺灣特有的岩生秋海棠是具匍匐莖的多年生草本植物，鋸齒葉歪卵形，粉色花瓣兩枚，蒴果的三個稜邊長有翅，且近等長。族群量少，零星分布於苗栗以南至高雄一帶的低、中海拔山區。多生於陡峭之岩壁上，較潮溼或蔽蔭處。 攝影：黃惠敏

惡地除了泥岩外，偶夾其中的砂岩出露地表時，便有機會成為水徑，將雨水帶往地層深處保存下來。這些較容易蓄積水分的地方，在乾季時仍相對潮溼，有利於生物的生存，猶如泥岩惡地裡的綠洲一般，是物種多樣性高的地方，例如馬頭山、雞冠山等。以馬頭山東側山谷為例，小小的谷地，便記錄到四九三種植物、二十一種哺乳動物、七十三種鳥類、十三種兩棲類、二十三種爬蟲類與八十種蝶類。[6]以植物來說，當中不乏《二〇一七年臺灣維管束植物紅皮書名錄》[7]列為國家易危與接近受脅等級的物種，如岩生秋海棠、澤瀉蕨、大葉捕魚木、石蟾蜍與小葉朴等。

豐富多樣的生態資源，除令學者們驚豔，各方專家也大方地點著明燈，引領在地居民，細細地深入認識這些野地鄰居，貼近周圍環境存在的珍奇世界。現在雨季的刺竹林下，熱鬧的除了萬頭鑽動的小小草本，還有愈來愈多前來訪花探奇的村人。年近九旬的劉思一輩老人家們，以前會用虎耳草（脈葉蘭）的汁液來治耳炎，但是他們只見過貼地扁扁的葉，從未見過花。近年，中青輩村民開始積極頻繁地投入植物物候觀察，老人家們也會跟大家聊起以前到處都是虎耳草與垂頭地寶蘭的環境。幾場春雨下來，大夥不時圍著生態盆觀望動靜，這生態盆是居民在巡守時，看到步道旁幾顆裸露的小球莖便好奇帶回種在盆栽中，希望它能繼續存活。當白花綻放的那日，是老一輩們第一次與這精巧的蘭花相遇，這才真正認識它完整的樣貌。雖然這年紀已難負擔在山裡鑽動的體力消磨，但是當中青輩村民從山裡帶回熱騰騰的各種動、植物影像時，老人家們也樂得聚在一起話家常。環境裡的生態變化，開始成了村民們茶餘飯後談論的話題與探訪的對象。

臺灣西南丘陵帶的主體泥岩地質與熱帶季風半年旱溼輪替的氣候，造就了此區特有的嚴峻生態環境，在自然的選汰壓力下，訓練出動、植物對環境的耐受度，從而成為陳玉峯教授所謂的「生物訓練

內門社區民眾自主監測調查環境生態　攝影：邱岣文

營」。[8] 而夾雜於泥岩中的砂岩、石灰岩以及蜿蜒的二仁溪水系等，交互作用產生微氣候差異，拉寬了物理環境棲位，讓嚴峻的生境存在著更多的歧異，得以涵養多樣物種。砂岩透鏡體的岩生植被（峰頂山尖迎風耐旱的有刺灌叢、谷地裡喜溼暖的肉質草本）與一些濱海植物，鑲嵌在大片泥岩刺竹叢林上，如海岸擬茀蕨、鯽魚膽等；竹林下還有各式各樣的蔓藤、灌叢、宿根植物與小草本，保有相當豐富的生物多樣性。

千百年來，刺竹林在泥岩惡地默默地以其纏繞密集的銳刺守護著家園，將地表抓緊以鞏固土地，它的身軀曾為在此扎根的人們遮風避雨，更滋養著這片土地。刺竹與其林下的眾多生物，默默地聯手打造出一艘生態方舟，當人們認為惡地就是貧瘠荒蕪之境時，方舟要訴說的是，貧瘠並非刺竹與惡地本身，而是因為眾人未曾有機會真正深入瞭解惡地內在的豐饒。

2

固守家園的惡地隱士
——厚圓澤蟹

蟹類一族，從海而來，為了離水上陸，經過了千百萬年的演化，逐漸蓄積各種所需的能力，才得以踏上這截然不同的世界。從海裡、溪流、湖泊、陸地到樹上，為適應各種環境而演化出的成千上萬種蟹類，為這萬千世界添增了許多色彩。

臺灣西南部地區，有著乾溼分明的氣候，夏天裡葉大蒼綠的刺竹，在少了雨水滋潤的乾季，換上了小葉子的冬裝，顯得好似僅剩莖枝在空中隨風搖擺。林下土壤逐漸乾硬，乾枯的葉子鋪滿地表，沉寂不見生機。黯淡的竹林，讓惡地裡的冬天，顯得更加蕭瑟。面對生存條件變得艱辛的乾季，許多小生命進入了不同的生活樣態，靜靜蟄伏於地下，像是宿根的魔芋和垂頭地寶蘭等植物，還有那隱居於地下洞穴的十足動物——厚圓澤蟹（*Geothelphusa ancylophallus*）。

不需歷經海洋環境的物種分化劇碼

厚圓澤蟹是臺灣西南泥岩惡地裡特有的大型澤蟹，屬於溪蟹科澤蟹屬（*Geothelphusa*）的一員。在螃蟹大家族中，依照生活史的差異，大致可以分成兩大類，一類是雌蟹於海水中釋卵，卵孵化成幼蟲，隨著大洋漂流，在大海中成長發育，經過幾次蛻皮變態後，才長成螃蟹的樣子。這類螃蟹因雌蟹僅抱卵不抱幼，所以卵徑小（大多小於〇．五公釐）、卵數多，從數千、數萬甚至到數百萬都有，靠著數量龐大的卵海戰術來延續族群；而因其歷經一段蚤狀幼生[9]的浮游期，可以擴散到較遠的地方，通常分布範圍較廣，局限小地域的特有種比例便也相對少。

水中活動的雌蟹。雨後的夏夜，馬頭山周遭的淺水小溪溝，是觀察厚圓澤蟹各種有趣行為的好地方。 攝影：柯伶樺

離開洞穴活動的厚圓澤蟹，面對威脅逼近時，快速的張起威嚇的大螯。 攝影：柯伶樺

另一類的雌蟹不降海繁殖，生活史不需歷經海洋環境，卵在雌蟹的腹甲發育，孵化出來，便已是小螃蟹的樣子，一生均在淡水域或周遭的陸地上活動，這類螃蟹也稱為陸封型的淡水蟹，澤蟹便是屬於這一類。為了適應劇烈變動的環境，雌蟹會將卵抱至孵化為稚蟹，因此卵數少，通常不超過百顆、卵徑大（約二至四公釐）且富含胚胎發育所需的營養，孵化後的稚蟹還會待在雌蟹身上一段時間才獨立生活。親代的照顧，提高了每一隻小蟹的存活機率，是以精兵策略來維繫族群的繁衍。

由於澤蟹的生活不需經過海洋，圍繞著島嶼的大海便成了物種擴散最有力的阻隔，因此，物種分布多局限於各島嶼，且各物種幾乎均是各島嶼的特有種類。世界上，澤蟹屬僅分布於日本、琉球群島、釣魚臺、臺灣、綠島與蘭嶼幾個海島上，是東亞島弧上特有的類群。弧陸碰撞造就了臺灣島綿綿疊疊、起起伏伏的山脈與大大小小的獨立水系，對這群移動能力有限且不能離水太遠的小生物來說，這些山脈像一道道牆，將臺灣島隔成大大小小的地塊，地塊間的族群交流不易；多山地形形成強大的阻隔效應，限制了同物種的分布範圍，僅少數物種能分布較廣，大多數物種則是局限小區域分布。

不同水系演化為不同的物種，再加上地質變化提供了不同的棲地環境，這些都成為驅動島上澤蟹一族異域與同域種化[10]的動力，澤蟹屬的祖先便在此上演著一場精采的物種分化劇碼。在二〇二〇年出版的《臺灣蟹類誌Ⅲ》[11]中，已累計多達三十九個物種（含釣魚臺、綠島與蘭嶼），是全球澤蟹屬物種多樣性最高的地方，且均是世界僅存於此的臺灣特有種。物種的研究仍持續進行，根據新加坡蟹類專家黃驥麟教授（Peter K. L. Ng）早年的預測，臺灣的澤蟹可能超過五十種。[12]

螃蟹是起源於海洋的物種，在水裡時無須擔憂水分匱乏；而到了陸地上，由於外骨骼缺乏不透水的蠟質層，這層堅硬的外殼並無法阻止水分的散失，如何取得與保存生活中所需的水，成了上陸生活攸關生命的重要課題。生物體型的大小會影響水分散失的速度，體型愈大，單位體積的表面積愈小，單位體積的水分散失速度就愈慢。成體厚圓澤蟹能長到頭胸甲寬超過三公分，是屬於大體型的澤蟹；而圓滑寬厚的身體及隆起的鰓域，形成了發達的鰓室，加上內壁清晰可見的血管，都有助於成蟹長時間待在乾燥地方的保水需求與氣體交換，以適應臺灣西南部泥岩惡地的嚴苛環境，因而成為這裡優勢的特有物種。

關於澤蟹外型的大小事

依頭胸甲寬，常將種類眾多的澤蟹物種大致分成三群：

一、**小型澤蟹**，體型約 2 公分以下，水分散失較快，鮮少離開水體，通常棲息於水中淺灘的石縫中，例如日月潭澤蟹（*G. candidiensis*）。

二、**大型澤蟹**，體型約 3 公分以上，較能有效的將水保持在體內，相對耐旱，可以長時間離開水在較潮溼的陸地活動，例如厚圓澤蟹。

三、**中型澤蟹**，體型介於 2 到 3 公分之間，棲息環境與習性大多也介於前兩者之間，例如蔡氏澤蟹（*G. tsayae*）。

此外，澤蟹依其生活的棲地類型，大致分為兩類：

第一型：**以溪石或淺砂石穴為棲地**，通常是中、小型的澤蟹，多棲息在水中或水邊以方便水分的補充。頭胸甲外型較為扁平，以方便出入大石下的洞穴，如蔡氏澤蟹、楠西澤蟹（*G. nanhsi*）與屏東澤蟹等（*G. pingtung*）。

第二型：**以泥質地為棲息地**，挖掘洞穴為居所，通常是中、大型的澤蟹，圓滑的頭胸甲，方便進出泥洞，而隆起的鰓域則能儲存更多水分並有利氣體交換，讓成蟹可以生活在離水較遠的地方，如厚圓澤蟹、藍灰澤蟹（*G. caesia*）與黃灰澤蟹（*G. albogilva*）等。

厚圓澤蟹厚厚的頭胸甲，其空間結構有助氣體交換，圓潤的外型則有利於在泥岩地挖穴。
攝影：柯伶樺

蟹榮則共榮，蟹亡則俱亡

春雷宣告著雨季的來臨。幾場大雨下來，解了大地積累了近半年的渴，蟄伏於地下的各種生命逐漸甦醒。紫花脈葉蘭與臺灣魔芋的花芽、垂頭地寶蘭的葉芽都騷動著冒出頭來；土地公枴仔（*Costus speciosus* (J. Koenig) Smith）散落一地的種子，萌出兩片圓圓的小葉；刺竹再度換上嫩綠的新衣；溼漉的泥地上，多了許多圓圓不見底的小洞，這是厚圓澤蟹的家，那洞口出現的新痕，標示著洞主前夜裡也出來忙了，進入雨季的泥岩惡地，白日與夜晚都充滿了蓬勃的生機，宛如另一個世界。

雨季降下的雨水，溼潤了泥地，流入了惡地裡大大小小的溪溝。由於蟹卵與稚蟹都需要水分保持身體溼潤，陰、雨的涼爽白日或是沒有烈陽的夜裡，在潺潺水流的小溪溝或軟泥地周圍便相當容易看見大大小小的厚圓澤蟹，地上地下好不熱鬧！

掘土穴居的厚圓澤蟹，會在泥地裡挖出深約

農塘附近帶著幼獸在溼潤泥溝活動的食蟹獴。獸如其名的牠喜歡在乾淨水質的淺水邊活動，尋找最愛吃的厚圓澤蟹蹤跡，是良好溪流生態的指標生物。　攝影：柯伶樺

夜行性的白鼻心，是爬樹的好手，喜歡吃各種水果，因此有個果子狸的別稱，特殊的足底構造讓牠可以在細枝、藤蔓上行走，甚至倒掛採食懸垂的果實也難不倒牠。除了果子，當牠們在小溪溝裡覓得厚圓澤蟹時，也會吃得津津有味。右下圖中白鼻心正在吃香蕉。

影像提供：野人谷生態顧問有限公司（左上、右上、左下）、高雄市內南社區發展協會（右下）

五十六公分的泥洞，一洞一隻，洞底有底室與側室供做休息，平時待在洞裡，可以減少身體水分的散失與躲避天敵。當厚圓澤蟹擁有自己的洞穴時，洞主會防衛洞穴，其他個體靠近洞口，便會被攻擊；不過牠們在攻擊的過程中，還是會將第五步足的指節（最後一對足的末節）留在洞口邊緣，並不會完全離開洞口。守在洞口的厚圓澤蟹，除了防衛外，還相當警戒，只要附近地面有其他聲響[13]，便會迅速躲入洞中。

在這一地區架設的動物監測紅外線自動相機資料中，白鼻心（*Paguma larvata taivana*）與食蟹獴（*Herpestes urva formosanus*）是各種出現的哺乳類裡最活躍[14]的兩種動物，活動區域廣布泥岩惡地，牠們都會吃螃蟹，尤其是食蟹獴，蟹族可是牠們的愛食呢！在棲息許多厚圓澤蟹的小溪溝旁，時常可發現散落一地的殘殼、斷腳，這些食餘是牠們光顧飽食後的證據。敵人可不只有地上的猛獸，還有天上的猛禽——大冠鷲 (*Spilornis cheela*)，大冠鷲也會捕食厚圓澤蟹，可見其面對的威脅壓力有多高，無怪乎一有聲響，牠們便溜個沒影，否則稍一不注意，便會成為天敵嘴裡的珍饈，祭了他人的五臟廟了。

雖然洞裡是安全又舒適的地方，厚圓澤蟹還是得出洞覓食與繁殖，這時牠們大多就在洞口周圍一．五公尺範圍內活動，不會跑太遠。面對巨大的生存壓力，而挖掘洞又是耗體力的差事，因此，洞穴成了相當重要的資源。牠們大多會重複使用同一個洞穴，尤其是在乾季時，沒有水的泥地變得乾硬、難以挖出新洞，所以牠們會將乾季來臨前築成的洞，持續使用到下次雨季來時。雨水漸少的秋末，小溪溝少了雨水的補充，逐漸乾

大冠鷲會從空中落地捕食厚圓澤蟹　攝影：邱岣文

涸，泥岩地要再度進入乾季了。住在這裡的厚圓澤蟹漸漸不太外出活動，靜靜地隱居於地下洞穴深處，等待下一個雨季的到來。牠們的活動週期與許多惡地裡的植物一樣，因著雨水而轉動。

雨後傍晚的馬頭山周遭，相當容易在泥地裡或村裡的小路上遇到這一身白淨的小傢伙出來活動，在地人管牠叫「白毛蟹」，雖然村子裡的老、少都見過，無人不曉，在多雨的季節，有時走路或開車甚至會壓到牠們；但相對起年輕人，老一輩對牠的感情是再多一些的。劉思回憶起孩提時的過往說道：「佇咧猶未開坪以前（大約民國三〇年代，糖廠進駐前的日治時期），落雨以後，著會揹桶仔去火燒坪抾白毛蟹轉來炒，芳芳足好食。」（臺語，意思是在山坡未開墾以前，下雨後，就會拿著桶子，到剛火燒過後的山坡撿白毛蟹回來炒，香香的很好吃！）老爺爺美滋滋的神情，彷彿眼前就放著一盤剛炒好、熱騰騰的螃蟹一般。短短幾句話，足可想像當時山林惡土裡滋養的白毛蟹數量有多豐富。

在對的時機，白毛蟹相當容易取得，因此在那個物質匱乏的年代，牠便成了村民們日常飲食中的蛋白質來源之一。然而這道與自然的連結，在劉思的下一代，便消失了。如今青壯一輩，無人有這共同的記憶——嘗過這土生的白毛蟹的味道——直到近年發生掩埋場開發抗爭運動，白毛蟹才再次以不同的面貌，重新走入村人們的生活中，對居住此地的人們，帶來更深層的意義。

在這場開發抗爭運動以前，白毛蟹在現居村民的生活中，就僅僅是「螃蟹」的存在；村民對於其在環境中所扮演的角色與意義，並不認識。

二〇一七年，馬頭山掩埋場開發案抗爭的初期，當時蟹類研究者劉烘昌博士正因為全臺各地的陸蟹棲息地被大肆的干擾破壞，導致原生育地族群量快速下降或甚至消失，而對這群動物茫茫沒有未來的命運感到灰心，處在最絕望的時刻。

厚圓澤蟹的繁殖週期

根據陳溫柔博士在燕巢與田寮的觀察研究，成體雌蟹一年生產一次，2 月開始出現抱卵的個體；5 月是抱卵個體數最多的時候，通常也是雨水開始豐足的時候；一直到 6 月，都還有機會看到抱卵的雌蟹。

成長到能自由活動的第一期稚蟹並不會立即離開雌蟹，雌蟹的護幼還會抱著稚蟹 4 天左右。5 到 11 月間，可以觀察到第一期稚蟹，以 8 到 10 月為最多。

雌蟹平均育苗數只有 32.5 隻，能自由活動的第一期稚蟹殼寬約 5.3 公釐，這育苗數量與稚蟹體型在澤蟹屬中是偏少而大型的（屬於棲地第一型中型的蔡氏澤蟹大約 70 隻、4.1 公釐）。

6 月時，泥地上出現的小型洞穴（洞口 2 公釐以下），顯示稚蟹開始補充族群了；而雖然全年都可以發現成熟個體，但以生殖高峰期的 6 月最多，此時的雌蟹數量也明顯多於雄蟹。

資料來源：陳溫柔，《臺灣地區澤蟹屬蟹類親緣關係暨西南部惡地區域厚圓澤蟹之適應策略研究》，國立中山大學生物科學研究所博士論文，2007 年，頁 117。

厚圓澤蟹雌蟹抱幼。雌蟹腹甲中抱著的稚蟹已相當大，再過不久便可離開獨立生活。一般可以自行活動的稚蟹，還會在母蟹身上停留 1～2 天左右，因此澤蟹具有護幼的行為，而厚圓澤蟹的稚蟹會在母蟹身上停留長達 4 天，是護幼時間較長的種類。 攝影：柯伶樺厚圓澤蟹是一九九四年發表的臺灣特有種，牠與臺灣其他陸蟹面臨了一樣的困境，原採集地點已遭受破壞，而陳溫柔的研究中，曾提及其地理分布狹隘、族群量小，種種不利其族群存續的現實，遂引不起螃蟹博士主動前來找尋這西南泥岩惡地裡特有的大螃蟹的念頭。

十一月初，馬頭山自然人文協會會長黃惠敏撥了電話，積極邀請劉烘昌前來。接到電話的劉烘昌，隔日便風塵僕僕的驅車趕至馬頭山區。入秋的十一月，已有數日未下雨，要見到螃蟹本尊，機會怕是比較低了。劉烘昌在山區裡奮戰了兩天兩夜，終於在第三天清早採集到了近三十年螃蟹研究生涯的第一隻厚圓澤蟹！這一隻得來不易的厚圓澤蟹，並非牠們蹤跡難尋，相反地，滿地的蟹洞明示了族群的龐大，是因為待守洞口的螃蟹機警至極，一有動靜，便閃隱入穴，連拍個影像都難，更別說逮到手上了。

數日後的凌晨一場大雨，劉烘昌再訪馬頭山區，見到了為數不少的厚圓澤蟹，推估此處族群密度之高，與二十多年前恆春半島的黃灰澤蟹相當，那可是臺灣陸生型澤蟹棲息密度的最高紀錄。然而從一九九四年以來，在各種人為破壞的干擾下，黃灰澤蟹數量快速下降，密度恐怕已不到當年的十分之一；而眼前這數量龐大的白毛蟹，似乎為快速消失的陸蟹一群，帶來了一點希望。陸蟹專家從此和這白毛蟹、這水土和這山村人家結下了不解之緣，成了居民們在這條識物路上的蟹將軍，引領著在地人看那小小白毛蟹伸展的大乾坤。

涼爽的夏夜裡，在小溪溝周遭靜靜觀察厚圓澤蟹進食是相當有趣的，葷素不忌的牠們，從活的小動物、死亡腐爛的屍體到植物的葉子，只要能抓到手裡，都是食物。牠們有時會用兩隻大大的螯將食物一塊一塊夾入口中，有時就直接整隻放進嘴裡嚼，而據村人們說道，若有幸遇到大水螞蟻（白蟻）婚飛[15]的夜晚，在溼漉光亮的地方，會有許多掉落地表的蟲子，此時便有機會見到成群的厚圓澤蟹聚集在此撿拾、大快朵頤的場面。

食性多樣的厚圓澤蟹，一蟹多角，是陸域生態系裡的消費者、清除者，也是分解者，功能全方位；龐大的數量，滋養出了豐多的各種掠食者，是維繫與穩定生態系的要角。分布於西南泥岩惡地的淡水蟹，除了厚圓澤蟹外，還有黃綠澤蟹（*G. olea*）、蔡氏澤蟹、楠西澤蟹、藍灰澤蟹與拉氏明溪蟹（*Candidiopotamon rathbuni*），而由於淡水蟹對有毒物質的忍受度低，對水質的要求高，只有在未受汙染與破壞的環境才能生存，是良好生態環境的指標物種；因此，這些蟹族們是西南泥岩惡地淺山生態系的健全指標，蟹榮則共榮，蟹亡則具亡。

早年做為居民盤飧佳餚的一角，並未使厚圓澤蟹走上命運的絕路；歲月來去，隨著季節更迭，村裡的人們靜看這白毛蟹年復一年依舊在此生活，然而現下已不比耆老記憶中的豐盛，透露著此處的生育地正逐漸流失。所幸泥岩惡地裡的開發腳步相對緩，尚得保有這支數量可觀的螃蟹大軍。人類的家，蓋了就有，而厚圓澤蟹的家，卻僅有這塊泥岩惡地，消失了，便難以回復。如今在地居民與專家學者們仍持續努力守護這片淺山生態，期望能保全這維繫健全生態網絡要角的螃蟹大軍賴以為生的隱世桃花源，讓此區豐富而多樣的自然生態不至走向消失一途。

3

隱身草海的夜空霸主——東方草鴞

圓圓的臉盤、一雙靈動的大眼，有時再加上兩撮立起的耳羽——人們將這群外型酷似貓兒、極為討喜的鳥兒取名為「貓頭鷹」。貓頭鷹居於食物鏈頂端，全世界約有兩百多種，而臺灣則多達十二種。牠們多數居住在樹上，是樹棲型的夜行性猛禽，其中的東方草鴞（*Tyto longimembris*）與多數不同，是唯二[16]會住在地面的貓頭鷹。

屬於鴞形目、草鴞科、草鴞屬的東方草鴞，分布於印度、東南亞部分地區、中國南部、臺灣、巴布亞紐幾內亞及澳洲等地，臺灣本島的東方草鴞是特有的亞種（*Tyto longimembris pithecops*），雖然幾乎全島低海拔區[17]都曾有紀錄，但多為零星發現[18]，主要分布在西南部低海拔的丘陵與平原一帶。

東方草鴞新生幼鳥的臉盤為褐色，像顆氧化的蘋果。隨著年紀漸長，羽毛會逐漸換為白色；成年時，便是雪白的顏色。 圖片提供：林世忠

山貓、怪鳥、猴面鷹——那些常民生活記憶

住在地上的牠，鳥如其名，以濃密的禾草原為家，像是白茅草（*Imperata cylindrica* (L.) P. Beauv. var. *major* (Nees) C. E. Hubb.）、五節芒（*Miscanthus floridulus* (Labill.) Warb. ex K. Schum. & Lauterb.）和甜根子草（*Saccharum spontaneum* L.）草原等，都是牠們喜好的環境。雖然這類型環境常與人類聚落相距不遠，但由於東方草鴞白日裡多數時間窩居在濃密的草叢中休息，待到入夜後才開始悄無聲息的活動，天亮前便又沒入草海；如此隱密的行蹤，讓人相當難以察覺，大部分民眾從未見過，在人們生活經驗裡的存在感相當低，因此早年有東方草鴞被捕獲的消息時，總會引來新聞報導與眾人駐足。

牠們十分罕見，沒有耳羽，一張扁平大大的心型臉不似貓，跟多數人印象中的貓頭鷹有相當差異，令人感到陌生的模樣讓牠們常被稱為怪

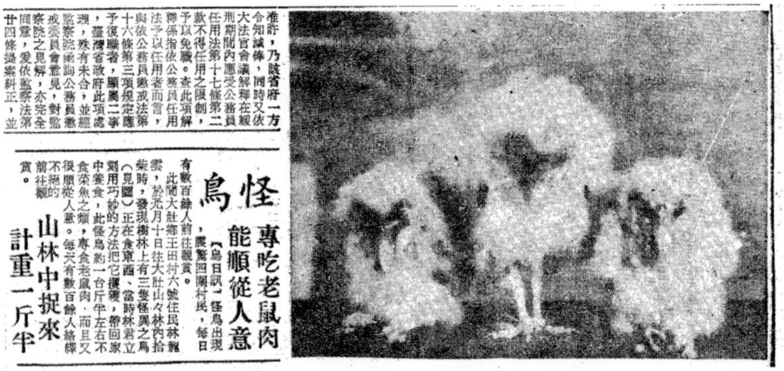

准許，乃該省府一方令知減俸，同時又依大法官會議解釋在緩刑期間內應受公務員任用法第十七條第二款不得任用之限制，予以免職。查此項解釋係指依公務員任用法予以任用者而言，與依公務員懲戒法第十六條第三項規定應予復職者，顯屬二事，臺灣省政府此項處理，殊有未合，並經監察院函詢公務員懲戒委員會意見，對監察院之見解，亦完全同意，爰依監察法第廿四條提案糾正，並

怪鳥 專吃老鼠肉 能順從人意

【烏日訊】怪鳥出現，震驚四圍村民，每日有數百餘人前往觀賞。

此間大肚鄉王田村六號住民林龍雲，於元月十日往大肚山々林內拾柴時，發現樹林上有三隻怪異之鳥（見圖）正在食東西、當時林君立刻用巧妙的方法把它擭獲，帶回家中養食，此怪鳥約一台斤半左右不食菜魚之類，專食老鼠肉，而且又很順從人意。每天有數百餘人絡繹不絕的前往觀賞。

山林中捉來 計重一斤半

關於怪鳥的新聞報導
原始資料：《臺灣民聲日報》，1960 年 1 月 22 日
資料來源：國立公共資訊圖書館數位典藏服務

怪鳥

圖與文 陳方宏

高縣小港鄉宵島村廠邊三路廿三號，居民俞民繁，於日前々往該鄉大坪山打柴時，於樹林大捕獲「怪鳥」一對，即以衣服包回家中飼養，該怪鳥經中外專家鑑別後，均不知為何鳥，現正函美國鳥獸專家鑑別中，該怪鳥羽毛花白色，頭面輪似猴子，嘴像鷹，身體像鵝，腿爪似鷄，翅大似鷹。體重斤許，該怪鳥肉食，每日以牛肉鳥類充飢，食量頗大，雖然爲是雛鳥每隻日食竟達三斤。該怪鳥雖然有點像貓頭鷹，但是牠白天卻有聽覺，因是傳爲奇聞，往觀者頗衆。

原始資料：《臺灣民聲日報》，1966 年 2 月 23 日
資料來源：國立公共資訊圖書館數位典藏服務

草鴞與山貓

為了與劉思老先生確認他口中說的山貓是何種生物，同院落的許美玲恰巧製作了一幅栩栩如生的東方草鴞押花，至國外參展回來後，即請劉思鑑定。遠遠地看到押花作品，劉思便笑喊著：「這隻著山貓啊！」

東方草鴞押花　製作：許美玲　攝影：柯伶樺

鳥，有的說像猴子的臉，而得「猴面鷹」的稱號，而現在人們更常說牠像顆切半的蘋果，圓溜深褐色的雙眼，與果核裡的種子簡直無二。

翻開地圖，尋看臺灣西南部低海拔的丘陵及平原位置，丘陵地形正好與西南泥岩惡地形的範圍高度重疊，據前高雄鳥會理事長林世忠的觀察，泥岩惡地的坡面上，植物生長不易，而隨著雨水沖積到緩坡或谷地裡的泥砂，在早年耕作人眼中也是「土肉歹」（臺語，土肉意為土壤，歹意為不肥沃），加上灌排不易、開墾艱辛，不見得能有豐美的收成；泥岩區的農人們在缺乏耕作誘因下，這裡遂成為耐旱、耐鹽分的禾草最佳的生長處。西邊即接壤平原區，泥岩惡地裡的人煙卻相對少，少了人為干擾，長滿禾草的緩坡谷地，便成了庇蔭來去無影的猴面鷹世代在此安居度日的所在。

早年在西南平原、丘陵區生活的原住民是平埔族人，其中西拉雅族人住的屋舍是以竹材料做為主體架構，屋頂則會蓋上曬乾的白茅草來遮日

東方草鴞喜愛的白茅草環境　攝影：柯伶樺

避雨，為此西拉雅人常會在生活周遭留植一片白茅，以用做填補屋頂損壞的材料來源。當族人拔取茅草時，擾動了茅草叢，偶爾會看到倏地一個身影從草叢裡驚飛而出，還來不及看清面容，大鳥已遠去。他們喚牠「Atura-turaw」，這是貓頭鷹的族語，而發音聽起來，就與東方草鴞似蟲鳴的悅耳叫聲十分相近[19]，族群記憶裡多只停留在那驚鴻一瞥的身影。雖再無其他，但西拉雅人的生活所需，恰巧也留了一片居所給了大鳥鄰居。

燕巢深水山區一帶的居民回憶到，三十多年前，小學五、六年級年紀，放學回家後，小朋友們時常大大小小吆喝成群在附近長滿白茅草的山坡上玩耍，從山坡上滾滾而下，玩著「輾茅仔草」的遊戲，就曾在輾茅仔草的時候，碰上了築巢在草叢裡的東方草鴞幼鳥[20]。現下殺草劑用多了，白茅草地少了，也未曾再見過東方草鴞。劉思年輕時曾在花旗（現花旗山莊一帶）一帶看過人們抓捕這長翅的「山貓」（臺語：suann-niau），當時抓

花旗山莊 攝影：柯伶樺

獵食田鼷鼠回巢的東方草鴞　圖片提供：柯木村

捕的人在摸清山貓窩後，便會伺機先將窩上的茅草打結，守待山貓進窩，人就堵上巢口，這時的山貓有翅也難飛了。

林世忠在中寮山一帶結識的林姓耆老[21]，大概是近年對東方草鴞生態習性觀察最深入的在地人了。耆老呼牠為「咕黃貓」（臺語：koo-hn̂g-niau），在三、四十年前住家門前的那片草埔地，時常能在近夜時分看見牠們出來活動，「伊過年後三月開始生，較早遮就一直傳下來，你干焦共軁進去，就逐位做岫做甲嗤嗤叫！」（臺語，中文意思是咕黃貓農曆年後三月開始繁殖，從以前就有，一直繁衍下來；你光是鑽進去草叢裡，就會聽到牠們因為在裡面築巢，感受到有外來威脅靠近，而發出威嚇的聲音。）老人家說著，便維妙維肖地模仿起草窩裡咕黃貓遇到威脅時，拱起雙翅哈氣威嚇的模樣。耆老也曾經圈養腳被獸鋏所傷的咕黃貓，「這馬毋捌看啊！毋是去予掠去，都食鳥鼠死了！人毒乎，啊（鳥鼠）無死嗯，啊伊有看著，落來遐食，食食的，咕黃貓就先死了！才會無種啊！」（臺語，中文意思是現在沒看過了！但不是因為被抓走，而是吃老鼠而死了！人用老鼠藥毒老鼠，老鼠沒被毒死（但因有吃到藥，活動不靈敏），東方草鴞看到這個老鼠，就飛下來這裡吃，吃一吃，東方草鴞就先死了！現在才會沒有（東方草鴞）了。）當人們還不瞭解東方草鴞在天然棲地裡生息的模樣時，環境裡種種的生存威脅卻已來到了這隱身草海的夜空霸主身上。

東方草鴞的臉型由羽毛排列成兩個拋物面的凹狀面盤，像雷達一樣，是很好的聲波收集器，能將環境裡的聲波收集並導向耳朵。牠的耳朵占據了頭部相當大的體積，而且左右兩邊不對稱，一高一低，再配上可旋轉兩百七十度的頭部，當牠歪著頭，便能讓雙耳接收到的聲音產生更明顯的音量與時間差，這立體的辨聲技能，讓牠能精準地定位出聲音來源的位置。牠的雙眼位於臉部向前的同平面上，能產生立體視覺，圓圓的大眼中，桿細胞比錐細胞多很多[22]，牠的世界是偏灰色的，但在任何光度下的視覺都有著相當的敏銳度，能看清遠處的小東西；雖然圓柱狀的眼睛無法隨意轉動，但能大角度旋轉的脖子，補足了牠掃視環境動靜所需的視覺廣度。而當牠展翼時，羽毛上的特殊結構，讓牠能悄無聲息地在空中飛翔；再加上鋒利的爪子，東方草鴞遂成為夜間出色的狩獵高手，能輕鬆獵取各種夜裡出沒的小動物。

是否會再回來？

二〇〇三年，泥岩惡地區的中寮山東側發現野外繁殖巢位的消息[23]，開啟了有關東方草鴞研究與保育的新頁。一次不經意的意外，促成了關鍵的一刻。當時家在旗山溪州的林世忠時常與數位生態愛

靜音飛行的秘密

東方草鴞飛羽前緣具有特化的梳狀羽，讓流過前緣表面的大空氣渦流變成細碎的小渦流；後緣則變成穗狀鬚邊，離散氣流，抑制渦流離翅時的氣動音；加上各部位大量蓬鬆的絨毛，可以吸音減少聲音反射並降噪，便是這些結構造就了東方草鴞的靜音飛行。

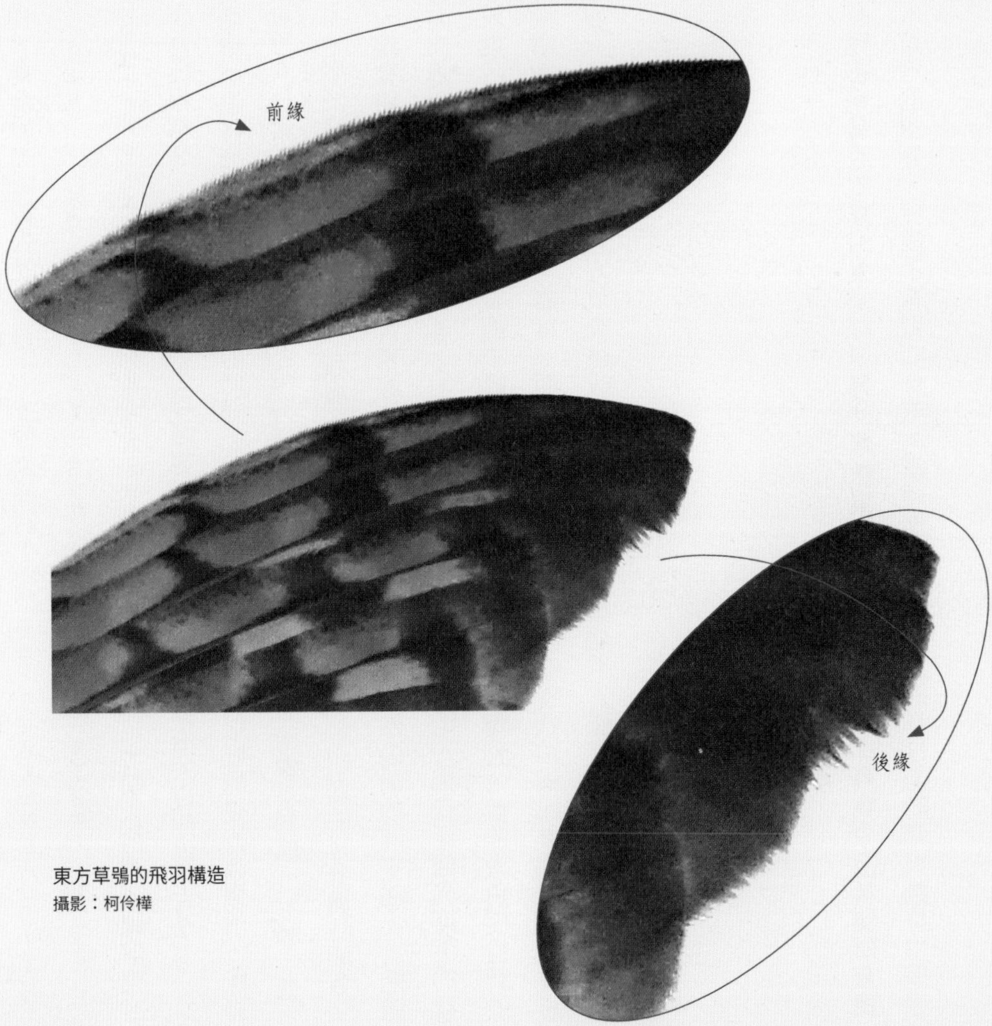

東方草鴞的飛羽構造
攝影：柯伶樺

好的朋友在中寮山一帶賞鳥、導覽解說生態，一個冬日，天空出現了一個大而黑的身影，挺展的長翼，巡弋空中，所見唯我領地的帝王霸氣自羽翼間流轉而出，氣勢懾人。花鵰（*Clanga clanga*）！——那是只有冬季才有機會在臺灣現身的稀有猛禽，每年現身的紀錄，大多是一隻手的指頭就能數完，每每現身，常引得賞鳥人欣喜萬分。後來的數年間，花鵰總會再來訪，比起多為過境的狀況，花鵰在中寮山會待過冬天，一直到春三月才離開。眾人從望之欣賞的喜悅裡，萌生了可否讓這遠道而來的貴客也愛上這裡的念頭，讓中寮山成為花雕長期穩定的度冬地。

於是眾人發想，決定先從吃的方向下手。曠原野地裡，臺灣野兔（*Lepus sinensis formosus*）是最佳食材，為了讓帝王級的貴客食之無虞，必須盡量保證牠覓食過程的安全。這次由賞鳥人發起號召，開始了野地裡獸鋏等陷阱的清除行動。二〇〇三年的一日午後，林世忠與幾位鳥友例行在這一帶山區巡查、移除獸鋏時，突然，草叢裡三隻搖頭晃腦的幼鳥，驚呆了在場的人——東方草鴞！原來在這荒原惡地，也是臺灣獨有的神祕貓頭鷹的家。這曝光的巢區，是關鍵的鑰匙，讓人們得以實際觀察到牠們在野外的繁殖育雛情形，也使人們對其棲地巢位的營造有了初步的瞭解，更促成了救傷圈養在特有生物研究保育中心的東方草鴞成功配對繁殖的經驗[24]；所引發的種種後續研究，也讓人們得以逐漸揭開這夢幻物種的神祕面紗，窺見東方草鴞不為人知的隱世容顏。

從二〇〇三年起的十多年間，林世忠與鳥會數位成員組成草鴞小組，推動旗山山區東方草鴞的保育行動。前三年都有發現繁殖的巢位，無數個漫漫長夜的巢區蹲點，收集記錄牠們各種生態習性的資料，像是繁殖、覓食等，草鴞小組還成立了保育巡守隊，阻止不法的獵人，拆除鳥網、獸鋏陷阱；甚至在地的業餘獵人因眾人的行動，轉變為保育志工，成為巡守隊最好的眼線。然而，二〇〇六年發現

東方草鴞生態

東方草鴞一年可以繁殖一至二次（冬春：12 月到 4 月；夏秋：7 月到 10 月），每窩產 4 到 6 顆蛋，相隔一到兩天生一顆蛋，約一個月後孵化。因此，同巢鳥最早和最晚孵化的，體形大小常有明顯差別。

新生的雛鳥全身毛絨，大約經過一個半月後可離開巢室，在巢區跟著親鳥學習獵捕技巧；大約兩個月後，幼鳥便可完全獨立，離開巢區。

首次換完羽的幼鳥臉部羽毛為褐色，像個切半氧化的蘋果；成年後再次換羽，白色的羽毛才是雪白可口的蘋果樣。牠們喜好捕食小型哺乳類動物，像是小黃腹鼠 (*Rattus losea*)、家鼷鼠 (*Mus musculus*)、田鼷鼠 (*Mus caroli*)、臭鼩 (*Suncus murinus*) 與臺灣野兔等。通常會一口吞下，如果獵物太大，便會用尖銳的嘴喙將獵物撕開；無法消化的毛、骨骼等會形成小橢圓狀的小團，稱為「食繭」，再被吐出來。牠們身上的羽色斑駁且不鮮豔，躲在草叢或臨時停棲在樹上時，不易被發現。喜歡棲息在約 80 公分高的高草地，修長的雙腳與比例稍大的腳爪，有利於在草叢裡行走。時常穿梭的地方，草的莖、葉則會彎折形成隧道的樣子。

育雛中的東方草鴞。毛茸茸的幼雛，外型與成鳥差距大，從牠們的體型大小即可分辨出生的順序；待退去初生絨羽，換上幼鳥羽衣時，便會與成鳥相像。 圖片提供：呂宏昌

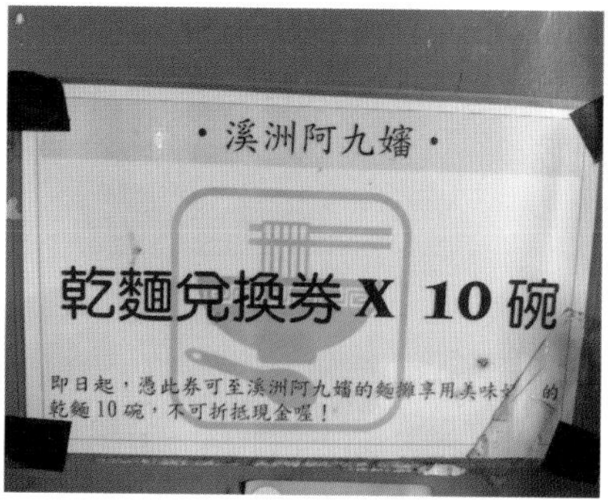

保育推廣摸彩活動獎項的乾麵兌換券
攝影：邱峋文

阿九嬸的麵攤。中間白髮老人就是阿九嬸。 攝影：柯伶樺

了被滅鼠藥毒死的個體之後，往後六年間，便難見東方草鴞的蹤影。

草鴞小組長期認養、維護中寮山的棲地，深知東方草鴞的保育工作，不只是要維護山區棲地，周遭鄰近的鄰里鄉親更是重要的一環，「走出山區、走入社區」，成為保育工作推行的信念之一。為了將減少滅鼠藥使用、友善農田、拆除違法陷阱等保育行動推廣到村里民眾的生活中，首要便是讓鄉親前來，認識自身聚落周遭豐富的自然生態及保育的意義與重要。二〇一一年，鳥會與數位生態愛好者想了個「生態保育嘉年華」的保育推廣暨摸彩活動，在旗山溪洲當地的信仰中心鯤洲宮的廟埕盛大舉辦；鄰里間相互走告，儼然成了當地人的新鮮大事。資源有限的鳥會，獎項清單得找人認捐，除了本就關注這珍稀物種的鳥友們，鳥會也積極尋找在地人認購，製造在地人參與的機會。

村中路邊一處小麵攤，掌廚老闆是阿九嬸夫婦，逐漸年邁的身軀，招呼客人仍舊身手俐落。三面無牆的小麵攤，唯一的一面牆上，貼著一張特意護貝的大大兌換券，這是十多年前小麵攤支持保育推廣活動留下的。老人家沒有認養鳥會列出的預備獎項清單，但卻爽快地提供了自家乾麵二十碗，那長年標示在牆上的兌換券，是在地鄉親對保育活動最直接的認同及鼓勵。

雖然後來東方草鴞有再回來，但沒過幾年，二〇一六年的十二月，草鴞小組在他們所觀察的一處巢區中，發現雌鳥暴斃於巢前，且巢內哺育中的四隻雛鳥已不見蹤影。檢驗單位從雌鳥身上驗出至少三種不同的滅鼠藥（可滅鼠、撲滅鼠及伏滅鼠）成分，且超過了致死劑量，滅鼠藥成了攸關東方草鴞族群存續亟待解的未爆彈。東方草鴞修長的翅膀有利其在開闊的草生地飛行覓食，牠們喜歡吃小型哺乳動物。視野開闊的農田區，由於有豐美的莊稼作物，常常吸引鼠輩造訪，因此也成為牠們尋覓這些小動物的重要環境。以中寮山的巢區觀察紀錄為例，餵養一窩四隻雛鳥的親鳥，每晚便會帶回六到十二隻的野鼠，是效率相當高的捕鼠器。

這些因全國農地滅鼠週而施放在農地裡的滅鼠藥，不僅危及東方草鴞，在同為猛禽的黑鳶（*Milvus migrans*）身上亦發現相同情況。二〇一四年國立屏東科技大學的研究團隊展開大規模的臺灣猛禽體內滅鼠藥殘留調查[25]，總計檢驗了全臺兩百多件肝臟樣本，廣及二十一種猛禽，當中有十種猛禽、超過六成的樣本驗出滅鼠藥殘留，顯示滅鼠藥已經普遍進入臺灣生態食物鏈中。這項研究敦使有關單位正視滅鼠藥二次毒害的問題，促成防檢局（中央）在二〇一五年宣布停辦全國農地滅鼠週，停止老鼠藥的補助及發放，期望能降低滅鼠藥對猛禽的危害，但這僅僅只是滅鼠藥進到農田環境的冰山一角[26]，無法根絕的毒藥，各種野生掠食動物因滅鼠藥中毒身亡的事件依舊持續上演。

東方草鴞面臨的危機不單只有滅鼠藥，農田與機場周遭架設的鳥網是另一主要傷害來源。根據特有生物研究保育中心急救站二〇〇一年至二〇一一年的十年統計，救傷的十二隻東方草鴞都來自南部，其中有近三分之二是機場掛網傷鳥。二〇一七年二月，臺南大內的水稻田中，有一隻中網未被及時解

東方草鴞擁有修長的翅膀，利於在開闊草生地覓食。 圖片提供：呂宏昌

救的東方草鴞；一週之後，林世忠看到相關訊息與高雄鳥會人員前往現場找尋時，網上的鴞兒已經因為掙扎纏繞網線，挨餓加上太陽的曝曬，氣絕於草叢中。這些為了防治鳥害的網，雖目的不在致鳥於死，但纏於網上的鳥兒卻常就此殞落；而那些有幸從網上被解救下來的受害鳥，無奈成了近年人們最易接觸到東方草鴞的來源。

從過往數量稀少的紀錄[27]、高雄鳥會提出的長期觀察，以及東方草鴞面臨的棲境危機等狀況，促使行政院農業委員會在二〇〇八年將其列為第一級瀕危的保育物種。[28]

高雄鳥會自二〇一一年發起了首屆「草鴞保育論壇」之後，每年都舉辦專家會議，廣邀四方商討各種可行的保育策略。近幾年林務局與嘉義大學蔡若詩的研究團隊合作，開啟了衛星發報器追蹤的研究計畫，此計畫是以救傷個體為研究對象（目前總共有二十二隻資料）。有了這項科技的支援，加上大範圍的系統性調查，得以進一步解密牠們利用環境的方式。從目前研究個體的日棲點活動範圍來看[29]，雖然最高紀錄達到四〇五平方公里，但九〇%以上的個體，多是在鄰近的兩公里內活動。這些活動區域內，東方草鴞常出現在河流沿岸的高灘地，除此之外，農田、高莖草叢、竹林草生地交界區、果園邊緣、軍事及機場的周邊用地、惡地形等，都是牠們會活動的地方。

這些棲地分布集中的區域位在臺南、高雄與屏東一帶的淺山區，驗證了熱點區[30]位在臺灣西南一帶的推測。研究團隊也發現牠們的分布動態與棲地多樣性有正相關，意味著如果一個同時有高草地、河川、農田等環境多樣性高的地方，東方草鴞出現的機率便會比較高，這也指出了在東方草鴞的棲境健全保育上，牽涉的範圍是相當廣闊的。

野調走訪的那日，林世忠帶著我們來到中寮山區當初發現巢區的地方，依著這個地形與棲境的植被分布，遙指著遠方的丘陵稜線，跟我們說著東方草鴞會從哪邊飛進來、會停留在哪棵樹上、親鳥如何餵食、幼鳥怎麼學飛……。近二十年與東方草鴞相遇的種種，草鴞大叔惟妙惟肖地比手畫腳，彷彿眼前就有那些鴞鳥出現一般，說也說不完。然而眼前的事實是棲境也正在劇變中，牠們是否還願意回來，不得而知。

東方草鴞歷經長年的演化，擁有一身狩獵的本領，讓牠來到了食物鏈頂端的位置，在沒有天敵的夜空中，主宰著草原。春風徐徐，吹過山肩，吹過谷地原野，掀動了白茅草如海浪般舞動得沙沙作響，當暗夜降臨，月光灑落海銀土，映耀出銀白色的光輝時，願那隱身惡地草海的暗夜霸主，在眾人的努力下，依舊能翱翔於此。

4

惡山惡水的隱世桃花源

千百年前，不同地域的人們揚起船帆，相繼跨越大海，來到福爾摩沙，開始了人與自然環境間的各種適應與拚搏。依著歲時而生活的人們，一方面融入自然律動；另一方面也主宰著環境。

百年來，人們在易達的海岸、平原與丘陵地大興建設；低地原生生物面臨劇烈的環境競爭，幾乎已無原始生境。西南泥岩惡地因童山濯濯與廣袤的刺竹，形成生人難近的外貌，人們對其興致缺缺；相對多數平原與淺山區，惡地地大人稀，人為干擾程度較低，反讓生息與此的動、植物得以綿延至今。

春雨帶動萬物復甦，在彩竹季節過後，竹林下小巧的吊鐘鬼蘭（*Didymoplexis pallens* Griff. *Var. pallens*）靜靜綻放；花大而短暫的脈葉蘭、葉序樓梯般旋轉生長的土地公拐仔與有著長槍般花序附屬物的密毛魔芋競相生長；潮溼的沙岩壁上，岩生秋海棠粉嫩晶瑩的花朵隨風搖擺。青斑蝶、紫斑蝶成群忙碌於埔姜花叢間，乘著氣旋直往天上去的大冠鷲，清晨黃昏山溝淺水邊與厚圓澤蟹鬥智的食蟹獴，泥水地裡嬉耍的小梅花鹿（*Cervus nippon taiouanus*），夜裡光顧蕉園尋找香甜食物的白鼻心與臺灣刺鼠

(*Niviventer coninga*)，鑿地挖洞的穿山甲(*Manis pentadactyla pentadactyla*)，還有山谷荒草間伺機出沒的東方草鴞……動物劇場無處不在。

少雨的冬日，其實亦非眼見的蕭瑟。經過半年至近一年漫長的妊娠，過了喜慶的年，兩個月大的小穿山甲已經可以趴在母穿山甲尾巴上，跟著媽媽在住家附近的山坪上趴趴走；位在阿里山脈餘脈的此處，還有從中、高海拔降遷尋暖的鳥兒，像黃胸藪眉 (*Liocichla steerii*) 與白耳畫眉 (*Heterophasia auricularis*) 等。惡地不惡，遍布生機，這裡是眾人遺忘的世外桃花源。

過往對於此區的忽視，不僅在於一般人眼中認為的貧瘠、不堪為用，在學術界亦然。在臺灣研究植被、自然史超過四十年，書寫了九大卷《臺灣植被誌》

在村落裡行走，不經意的瞬間就可能與臺灣梅花鹿相遇。 攝影：黃惠敏

[31]的植物學者陳玉峯教授近年來到馬頭山區進行生態踏查，他為文道：「泥岩地理區是全國保育系統最大的死角，也是臺灣生態研究史、臺灣自然史失落的環節。」陳玉峯與楊國禎兩位學者在此區揭露的珍稀植物與植物社會特性，讓世人初識泥岩惡地生態的特殊與重要性，占地廣大的泥岩惡地仍有許多未解之謎。

在泥岩惡地裡落腳的人們，靠山吃山、就地取材。遍野的刺竹，成了山村人家早年生活源源不絕的綠色資產。竹林、雜木林下，許多不起眼的草本植物都各有其功效，人們從中尋得解惡地不適之氣的妙方，例如清熱的葛鬱金、治耳炎的虎耳草（脈葉蘭）、補氣血顧筋絡的流血藤（小鹿藿 (*Rhynchosia minima* (L.) DC.)）、坐月子

惡地人家住家周遭的竹林、香蕉園裡便有機會發現穿山甲的蹤跡。 攝影：柯伶樺

去風邪的大風草（*Blumea balsamifera* (L.) DC.）、退火解毒的羞禮花等等。

惡地人家口中的「千年衫、萬年竹，焦千年、澹萬年，半澹半焦毋免半年」，意思是說竹子全乾或泡在水裡儲藏，可以放很久；一下乾一下溼的話，很快就會壞掉。「竹仔跤免種，破子仔跤免壅」則是說竹林下別想種東西，種了也不會活；不用擔心沒有幫破布子樹施肥，它的根會自己往有營養的地方生長。在在都是山村人家長期觀察環境裡透露的訊息後，形成與惡地環境共同生活的智慧。

地質特性造就了變動快速的大地，使得大面積的開墾不易進行，也增加了各種硬體建設維護的難度，因此多數散布其間的聚落與農地面積並不大，加上為了度過冬旱時節而挖填的蓄水塘，形成了惡地多元的地景。此外，不過分干擾自然的人為活動，讓生活在山麓帶的野生動物適應了人類聚落的存在，經常在住家附近出沒；無怪乎在全世界都極為稀罕的穿山甲，在這裡不時可見牠們的身影，甚至還有居民在自家門前的竹林，一夜就遇到了三隻溜達的穿山甲呢。

工業化以後，加快了對各種自然資源消耗的腳步。平原區高度開發，西南泥岩惡地區與許多鄰接平原的淺山區，受到人為干擾的情況也愈來愈嚴重，像是野化的遊蕩犬、貓與滅鼠藥等；各種大型開發案也不斷打量、伸入這片原被外人視為不毛之地的惡地，還有偷倒、偷排、盜獵等威脅。[32]

彷如月世界般的貧瘠外貌，在過往數百年來，守護了泥岩惡地裡的眾生。如今面對種種外來挑戰，惡地人家逐步建立了現代自然保育的觀念，奮起守護家鄉，許多有志之士亦參與其中。惡地的自然環境烽煙四起，這場保衛環境的仗，仍持續進行著。

注釋

1 即冬半年十一月到三月，蘇鴻傑於一九八五年用來劃分臺灣地理氣候區的主要依據。

2 邱志郁，〈亦俠亦盜—竹林在生態系的角色〉，《中央研究院生物多樣性研究中心》網站 https://www.biodiv.tw/zh_popscience-20210713085623，二〇二二年一月檢閱。廖英凱採訪撰文，〈決戰山林惡地之巔！剖析竹林亦俠亦盜的本質〉，二〇一八年十一月六日發表，《中央研究院研之有物》網站 https://research.sinica.edu.tw/chiu-chih-yu-soil-biochemistry-bamboo/，二〇二二年一月檢閱。

3 七、八月是刺竹長筍期，若遇到颱風，強風打落的長筍，便稱為「風打筍」，村人們會在颱風過後到竹叢間尋找。

4 在地俗語說「清明前、冬至後」，說的是採竹要在入冬一陣子過後到清明節以前，此時竹子比較乾；而清除竹叢周圍的刺網，是要有相當技術才能完成的。

5 一些二年生或多年生草本植物的根，在莖、葉等地上部枯萎以後還可以繼續生存，等到隔年植株再從休眠的根重新萌芽。

6 富駿事業股份有限公司，〈富駿事業股份有限公司乙級廢棄物處理場開發計畫環境影響說明書〉（高雄市：高雄市政府環境保護局，二〇一八年）。

7 臺灣植物紅皮書編輯委員會，《二〇一七年臺灣維管束植物紅皮書名錄》（南投：行政院農業委員會特有生物研究保育中心、行政院農業委員會林務局、臺灣植物分類學會，二〇一七年）。

8 陳玉峯，《決戰馬頭山：臺灣山海經》（高雄：愛智出版，二〇一八年）。

9 生活史需經浮游期的蝦蟹類之初期幼體階段，其外型與水蚤相似。

10 異域種化是指物種在不同的地理區發生種化的現象；同域種化則是物種在相同的地理區發生種化的現象。

11 Hsi-Te Shin（施習德）等著，《臺灣蟹類誌III（淡水蟹類）》（澎湖縣馬公市：國立澎湖科技大學，二〇二〇年）。

12 施志昀、李伯雯，《臺灣淡水蟹圖鑑》（臺中：晨星出版，二〇〇九年）。

13 陳溫柔，《臺灣地區澤蟹屬蟹類親緣關係暨西南部惡地區域厚圓澤蟹之適應策略研究》，國立中山大學生物科學系研究所博士論文，二〇〇七年。本研究中厚圓澤蟹警戒反應研究以植被枝條擺動、影子晃動與地面聲響三種做測試，厚圓澤蟹僅對地面震動聲響有顯著反應（第二至三次即快速入洞），因此推測牠對特定類型刺激有敏銳的警戒反應。

14 作者於二〇一九年一月至十月在馬頭山地區架設了十九台自動相機，進行地棲哺乳類動物的調查。根據調查資料，所有相機均有拍攝到這兩種哺乳動物，也是出現指數最高的兩種哺乳類動物。

15 某些昆蟲交配時，集體出現飛行的行為。

16 另一種是過境鳥種短耳鴞（*Asio flammeus*）。

17 丁昶升，〈臺灣平地最隱秘的鳥類——草鴞〉，《冠羽》二六七期，二〇一六年十月。《社團法人臺北市野鳥學會電子報》網站 https://www.wbst.org.tw/research/939，二〇二二年三月檢閱。

18 一九九六年有紀錄以來，記錄隻數不到五十隻。廖靜蕙，〈不要讓東方草鴞消失保育計畫啟航〉，二〇一一年十月三日發表，《環境資訊中心電子報》網站 https://e-info.org.tw/node/70665，二〇二二年三月檢閱。

19 西拉雅族人萬俊明說：因為聲音相近，所以他猜測西拉雅族人對於貓頭鷹的理解與認知極有可能就源自東方草鴞。

20 二〇二〇年林世忠訪談居民的記錄。

21 二〇一七年林世忠訪談影像，當年林姓耆老已八十八歲。https://www.facebook.com/page/115597121922076/search/?q=%E5%92%95%E9%BB%83%E8%B2%93。

22 桿細胞對光線的明暗變化、形態與移動敏感；錐細胞則是對顏色敏感。

23 參考注20以及當時的一些新聞報導指出，這次發現為首次記錄到野外的繁殖巢位。不過，後來在二〇〇七年的一篇學術文章中，研究學者在二〇〇一到二〇〇三年間於臺南楠西、玉井進行三個巢位的記錄、研究，當中亦包含有幼鳥的繁殖巢位，這是更早的發現紀錄。詳細可見參考文獻第三項。

24 中寮山的巢區發現後，特有生物研究保育中心的研究人員有到此做現地考察，回去之後再調整被救傷的東方草鴞的飼養環境，才成功配對繁殖出下一代。從這邊撿到的東方草鴞食繭，後來有送到屏東科技大學進行了食繭中的物質分析，以探知東方草鴞的食物內容組成。也是從這裡開始了無線電追蹤的研究，但一開始用的不是衛星發報器，要追到訊號，難度相當高（根據後來的衛星發報器追蹤資料，才知道牠們一個晚上可移動超過數十公里）。

25 Hong, Shiao-Yu, Morrissey, Christy, Lin, Hui-Shan, et al. 2019, "Frequent detection of anticoagulant rodenticides in raptors sampled in Taiwan reflects government rodent control policy", *Science of The Total Environment* ,Volume 691, 15 November 2019, Pages 1051-1058. https://www.sciencedirect.com/science/article/abs/pii/S0048969719331894?via%3Dihub

26 由於中央並未管制地方政府的政策，有很多地方政府持續編列採購預算補助農民使用老鼠藥；此外，防檢局管制的是「農藥型的滅鼠藥」，環保署核可的「環境用藥型的滅鼠藥」則未管制，農民可自行從農藥行購得，農藥行也多改成販賣環境用藥型的滅鼠藥，並遊走法規邊緣，教導農民將藥包避開「田中區」，而放在農舍周圍、田埂上。

27 包括目擊、救傷以及死亡等通報紀錄。

28 近年有關東方草鴞族群的研究調查，對於族群量的狀態，多持保留審慎評估的態度；多數曾提及的均僅百來隻到數百隻的稀少數量。

29 觀察日棲點上的移動距離，不同性別是有差異的。公鳥移動距離相對低一些，母鳥則因季節而異。母鳥長期維持在固定地點不動的，表示牠處於繁殖期，在巢中孵蛋、育雛；而活動量驚人的，應該就是母亞成鳥。因為東方草鴞是由公鳥占據領域，未配對的母亞成鳥外出求偶，因此也有一晚飛了五、六十公里的紀錄。

30 〈二〇二〇年臺灣國家鳥類報告〉是我國第一分由政府部門、大專院校及民間組織共同完成的鳥類生存狀態評估報告，整合了臺灣長期透過公民科學和監測調查的鳥類類群和特定鳥種的研究，呈現族群狀態、變化趨勢、受脅因素，以及各種保育議題。檢自社團法人中華民國野鳥學會網站 https://www.bird.org.tw/report/2020。

31 陳玉峯教授所著的《臺灣植被誌》於二〇〇一年起由臺北前衛出版社陸續出版，共分九大卷。

32 〈內門、旗山、田寮交界山區 遭偷倒廢棄物〉，二〇一五年十月二十八日發布，《公視新聞網》https://news.pts.org.tw/article/305753，二〇二二年三月檢閱。

參考文獻：

1 Lin, Y.T., Whtman, W.B., Coleman, D.C., Shiau, Y.J., Jien, S.H. and Chiu, C.Y.*, 2018, "The influences of thorny bamboo growth on the bacterial community in badland soils of southwestern Taiwan", *Land Degradation & Development*, 29(8), 2728-2738.

2 Shiau, Y.-J., Wang, H.-C., Chen, T.-H., Jien, S.-H., Tian, G., and Chiu, C.-Y.*, 2017, "Improvement in the biochemical and chemical properties of badland soils by thorny bamboo", *Scientific Reports*, 7, 40561.

3 Lin, Wen-Loung, Wang,Yin, and Tseng Hui-Yun, 2007, "Initial Investigation on the Diet of Eastern Grass Owl (*Tyto longimembris*) in Southern Taiwan", *Taiwania*, 52(1): 100-105.

4 〈田寮區遭倒廢棄物 高市府開罰4業者、廢止許可證〉，二〇二一年八月二十一日發布，《中央通訊社》https://www.cna.com.tw/news/asoc/202108210177.aspx，二〇二二年三月檢閱。

5 〈高雄山區「山豬吊」陷阱多 人獸都受害〉，二〇二〇年三月十六日發布，《公視新聞網》https://news.pts.org.tw/article/470637，二〇二二年三月檢閱。

6 陳溫柔，《臺灣地區澤蟹屬蟹類親緣關係暨西南部惡地區域厚圓澤蟹之適應策略研究》，國立中山大學生物科學研究所博士論文，二〇〇七年。

7 王仁、陳財輝、劉瓊霦，〈台灣長期忽視的生物資源—竹〉，《台灣林業》第三十六卷，二〇一〇年十二月號。

8 柯伶樺、邱峋文，《馬頭山地區哺乳類動物調查》，內政部營建署國家自然公園管理處，二〇一九年。

9 王文誠、陳軒齊、謝舜安、郭鎮誼、蔣孟齊、江耀恩、周靖傑、歐明軒，《馬頭山地區資源調查計畫》，內政部營建署國家自然公園管理處，二〇二一年。

10 國立屏東科技大學彭淑貞的《黑胡桃網路閣》網站有完整的臺灣魔芋構造影像與生態的介紹。參閱 https://blackwalnut.npust.edu.tw/archives/324479。

11 楊國禎，〈刺竹：台灣西南部的代表植群〉，二〇〇四年七月二十八日發表，《環境資訊中心電子報》網站 https://e-info.org.tw/node/4337。

12 更多有關刺竹生態、影像資料，請參閱楊國禎臉書。

Part VI 狼煙與轉機

因為一分堅定守護家園的決心與永不放棄的共同信念，讓一群素人走上了一條追求專業的道路。他們將自身專長和堅韌頑強的生命力發揮得淋漓盡致，謙懷內斂不彰顯，為環境運動寫下了浩瀚的一章。

撰文／黃惠敏　攝影／黃惠敏

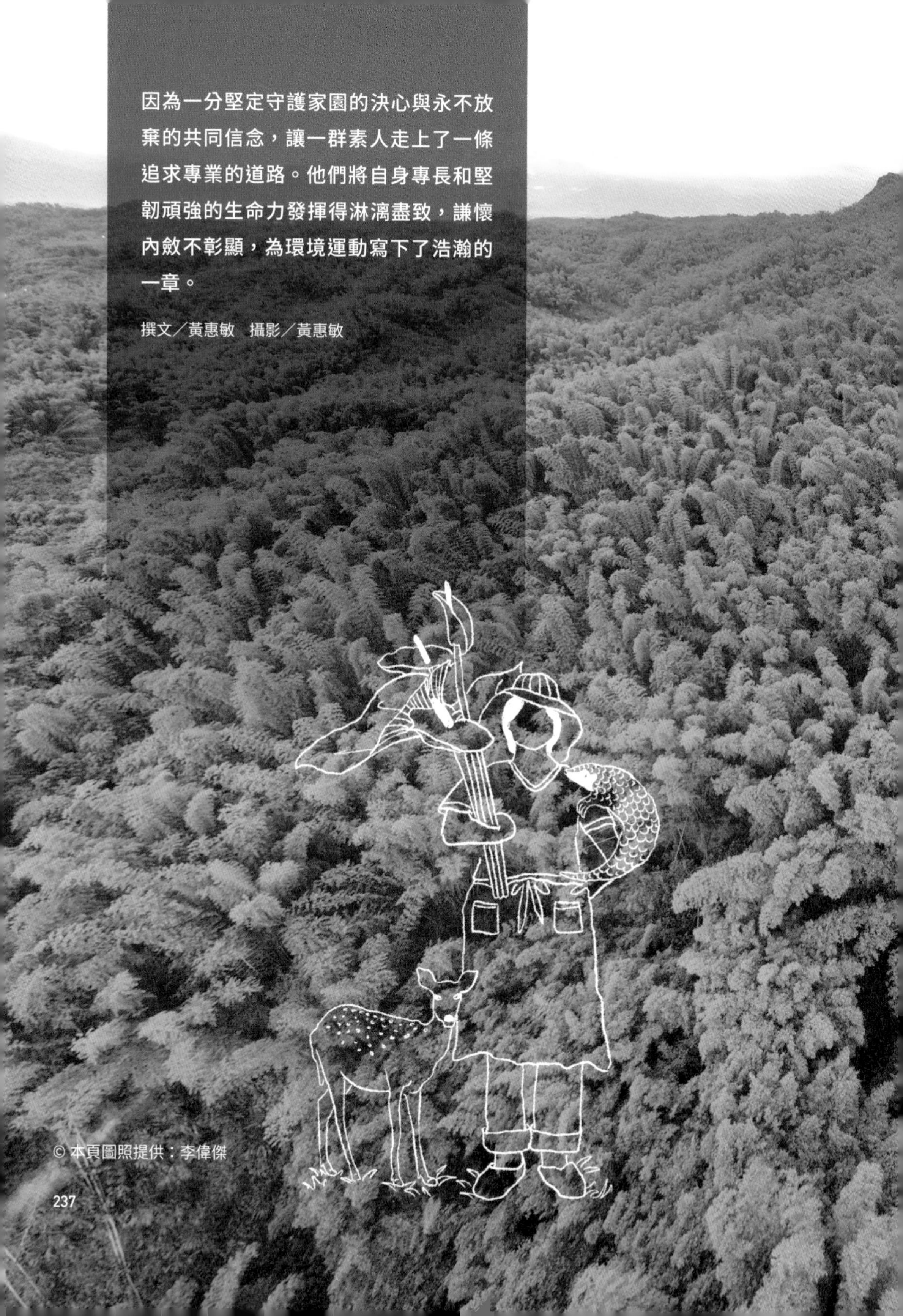

© 本頁圖照提供：李偉傑

風雨中的尋根

下過雨的泥岩特別溼滑，記得孩提時每逢下雨，總是考驗著大家，稍有不慎就會跌個四腳朝天、全身沾滿泥巴，回家多了好多泥娃娃。

「滿山攏系泥岩地，山頂冇草擱筆叉，一擺落雨一擺低，一點一滴流落溪」，在地俗諺簡潔貼切地形容惡地白崩坪童山濯濯的地形特性。泥岩形成的地質年代較輕，膠結不良，遇水迅速崩解形成泥流，乾燥後收縮使得質地硬如岩石，且含大量鹼性陽離子，因此植物生長不易，農作物收成有限，在地人都十分節儉；特別是婦女，練就了一身勤儉持家、耐操耐勞的好功夫，正所謂「內門土黏，內門錢鹹，內門查某勤擱儉」。

家鄉的樣子

馬頭山位在田寮、內門、旗山的交界邊際土地上，多是散居住戶，過著恬靜的山村生活。這裡的

雨後的泥岩溼滑，一不小心就會讓人跌跤。 攝影：梁舒婷

住民來自不同的山頭，包括茄萣、大烏山（中寮山）、田寮、鹿埔、應菜龍等，因原居地飽和，開枝散葉而來到此處落地生根，包括我的阿公也是舉家從鹿埔遷徙而來。

在封閉無開發的原始山區，先祖輩們墾荒蓋寮，發現馬頭山水源充裕，適合耕作及居住，記得小時候常陪著爸爸提著水壺到馬頭山水源地（俗稱馬尿）接水管，庄頭居民們亦不辭辛勞、水桶兩肩挑。這是一個資源貧瘠、生活條件欠佳的環境，但也因此發展出互工（臺語：相放伴 pàng-phuānn）的傳統生活文化。生活環境簡單，人跟人之間有分緊密的連結，單純而真誠。

封閉的山村在這幾十年有了變化。記得一九六五年，為了照顧村民生活所需，媽媽在馬頭山創立了第一家柑仔店，全盛時期全村總共有四家柑仔店；爾後則隨著潮流變化，雜貨店被超市、超商所取代。

早期山村的牛車路，在民國九〇年代建設為一八四號道路（二線道），二〇〇四年則拓展成臺二十八線道（四線道）。

泥岩惡地形一向被認為草木不生、生態貧瘠、土地沒有經濟生產的價值，因此，逐漸成為鄰避設施覬覦之地。但事實當真如此嗎？

記得父親彌留之際，對著我說他想要再陪自己爬一次馬頭山。霎那間我彷彿覺得這座馬頭山是自己跟父親最深的羈絆，守護著馬頭山就是守護著自己跟父親的承諾，也守護著自己內心最珍惜的一切。

真正開始關心這片泥岩，始於可寧衛企圖想在馬頭山設立廢棄物掩埋場。二〇一五年初夏，一場風雨欲來的開發案危機在馬頭山蔓延開來，我回到了家鄉馬頭山。這個開發案直接衝擊了當地居民，各式各樣的問題也接踵而來。臺二十八線道是一條連結了農村與城市的交通動脈，帶來了便利與繁榮，也帶來了更多變遷危機。如今它將通往何處？

連結城市與農村的道路，帶來了什麼？ 攝影：李偉傑

可寧衛震撼

二〇一五年五月八日召開說明會，當可寧衛公司將他們的環境影響說明書（環說書）送交高雄市環保局，一場完全不對等的環評會議也正式展開了。[1]環說書上一個最為重要的假設，是馬頭山一帶沒有地下水。馬頭山居民大多為老人家，老齡化及人口外移持續加劇，社區成員組成以工農等社會中下階層為主，普遍缺乏高知識分子，對於這場突如其來的環評會議，居民們大多感到無助及惶恐，心中非常確定要去阻擋掩埋場設立，但由於對身邊的事物一無所知，到底該怎麼做，完全沒有頭緒。初始只靠著一股傻勁，茫然失措，如無頭蒼蠅亂飛。[2]

難道這個故事就要繼續這樣寫下去嗎？如果甚麼都不做，永遠沒有機會。憶起父親與家鄉的點點滴滴，憶起鄉親們那分對土地深摯真誠的情誼，我心中湧出了無限力量。這一刻不容我再猶豫，我知道自己該挺身而出，全力以赴。雖然不知道終點到底在哪裡，但我知道在那之前，我必始終如一。

環說書資料層層疊疊，居民們看著裡面的專業知識感到非常疑惑，因為跟多數人的生活經驗完全不同。廠商請了大量的專家學者以及專業團隊，為他們工作及背書，居民們在專業知識不對等的狀況下即便很清楚的知道廠商提供的資料絕對是錯的，卻不知道如何有系統地去證明環說書上的可疑假設：馬頭山一帶沒有地下水。

當地人都清楚，充沛的地下水長年供應著馬頭山地區居民使用，雖然後期大多已改用自來水，但人們仍有很多從小到大對於湧泉的記憶；於是耆老們紛紛提供記憶所及的各處地點，讓大家開啟了找尋水源地的行動。環說書會做此假設，是因為如果沒有地下水，才能夠合理興建掩埋場；一旦確定有

可寧衛想在馬頭山設立廢棄物掩埋場後，地方鄉親開始展開學習行動，例如各種生態與環境調查、岩石探勘、刮岩心等。 攝影：黃惠敏

馬頭山的泥岩露頭。馬頭山並非純泥岩地質，還有砂岩帶。 攝影：黃惠敏

與陳椒華老師討論策略

攝影：馬頭山自救會

地下水，興建掩埋場恐將造成水源汙染以及汙染擴散，影響民生與生態甚鉅。

自己不知道該怎麼做，就得努力拜託專業人員來協助。陳椒華教授是我們第一個想到的專業研究者，她長期關注臺灣很多類似馬頭山面臨掩埋場選址不當的開發問題，在我們的請求下，古道熱腸的她竟然一口就答應，成為支撐我們的浮木，之後更一路陪伴我們過關斬將，帶領馬頭山居民在環境運動中跨出公民參與的第一步，是我們最堅強的夥伴。當時我跟陳椒華老師都剛做完化療，原本很擔心陳椒華的安全，結果在會勘現場昏倒三次，最後被扛著離開場區的是我。

有了現勘的基礎之後，陳椒華建議我們開始找尋砂岩以及鑽井，也帶著鄉親閱讀環評書，學習辯證環說書內容的真偽；更展開一系列的南征北討，爭取每一個馬

頭山被看見的機會。

居民們在專業人士的帶領之下，開始進行有系統的野外地質調查。幾個月後，跑遍了整個場區的野外露頭，大家開始收穫重要的地質資訊，當時根據專業技師研究調查報告，場區存在著八條連續性的砂岩帶，而非環說書上所說的純泥岩地質條件。

壞事情是好事情——公民科學開始扎根

因為家鄉面臨鄰避設施的開發危機，讓我們重新檢視腳下這片土地前人是如何耕耘，如何在貧瘠的土地上生存。隨著瞭解加深，我感受到，這片泥岩惡地由於沒有過度擾動，在都市化邊緣的淺山區，反而成為生態的庇護天堂；而且更讓我們有機會重新去理解這塊被遺忘的惡土，重現它的價值與芬芳。

此外，面對生存危機，傳統的互工文化在

村民們以土法煉鋼方式丈量崩塌面積　攝影：黃惠敏

技師經過露頭勘查在環評會報告上承認有八條連續性砂岩帶
攝影：馬頭山自救會

此時發揮最大的能量，因為在地自主性的守護，讓全國關心環境的專業者、學者與社群夥伴，皆挺身而出幫助馬頭山。正如王小棣導演曾經說過的，所有的壞事情也會帶來好事情。

在完成基礎地質調查後，我們又立即著手鑽井以進行地下水的觀測。前前後後沒日沒夜地工作，總共鑽了十來口觀測水井；有了基礎的鑽井資料後，則進行岩心分析及地下水觀測井的建置，透過野外露頭資料結合鑽井岩心，調查活動斷層，後續更邀集專業人士協助鑽井資料彙整報告。鑽井以及過程中耗費大量資金、人力、時間及物資，資金來源幾乎都是居民自己的老年年金及養老費用，他們窮盡生活有限的資源支持調查的態度與精神，總讓我感到心酸。環境運動上果然一直是沒錢的出錢，沒力的出力。

二〇一六年二月六日，適逢美濃地震在臺南地區造成重大的傷亡，大家深深被撼動，掩

定期測量地下水位　攝影：黃惠敏

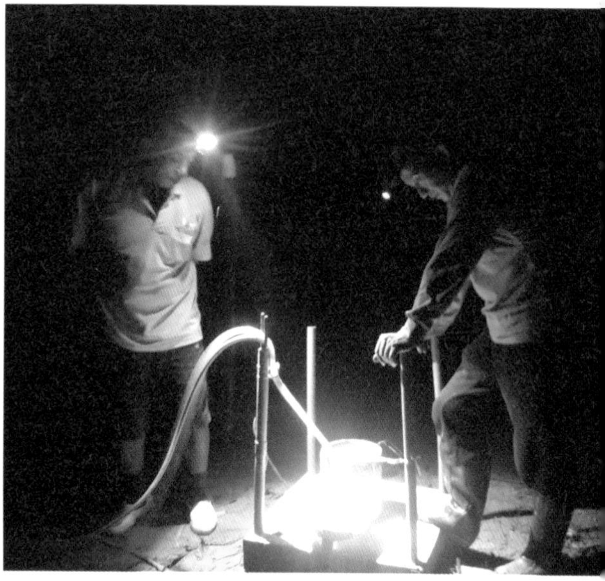

喇賽班夜間洗井　攝影：黃惠敏

埋場如果設置在活動斷層地帶，整個高雄的水源區都將隨著掩埋場建築物後續的破壞，產生不可逆的汙染。

地質學家陳文山教授親臨馬頭山，並且表示，高雄、臺南這一帶以及馬頭山到新化整個廣大的區域，基本上是一個非常年輕的泥岩區，大約兩百多萬到一百多萬年前、甚至僅幾十萬年前形成；過去一、二十年來，地表的GPS監測顯現這個區域有不等量的快速變動，這表示斷層的存在，地表會破裂，造成處置場的變動與變形，如此一來，廢棄物的汙水排放，會汙染整個二仁溪流域；加上位處河川上游，非常不適合做掩埋場。

此外，二〇二〇年八月在成功大學舉辦的「臺灣西南部厚層泥岩區之地質災害型態與成因探討」的研討會上，成功大學與中正大學為主的團隊研究得知，南二高中寮隧道北洞口及田寮三號高架橋，持續發生隧道快速抬升及橋梁側向位移破壞現象，這可能是位在旗山斷層與車瓜林斷層間的泥貫入體所致；也可能是國內首次發現泥貫入體快速抬升造成破壞的工程案例，相關學者與工程界等開始關注泥貫入體問題與可能的威脅。

馬頭山自鑽井中發現，除了有大量地下水，伴隨的泥漿與氣體會不定期的噴發，這樣的現象與泥火山如出一轍，也是泥貫入體的型態之一。

透過實際的現勘以及知識吸收，馬頭山的村民們跑露頭、鑽井瞭解岩層構造、量測地下水位，在在證明泥岩地區不是只有純泥岩，還有砂泥互層與珊瑚礁石灰岩；而砂岩與珊瑚礁石灰岩會蓄水，更有裂隙成為地下水的通道。[3]

穿山甲媽媽以及動物們的激勵

進行地質科學調查的同時，生態調查也同步登場。一開始大多聚焦在指標物種，希望找找看有沒有特殊的保育類動物來阻擋掩埋場開發，因為愈是珍稀的物種、愈有保育的必要。然而，當時深層的保育概念並未完全萌芽。一直到環評會前幾天，攝影機竟然拍到穿山甲媽媽揹著寶寶出現在監測影片畫面中，那一幕真實撼動了每一顆心，原來不僅僅是人們在守護自己的家園，穿山甲媽媽也正揹著她的小孩守護著自己的環境。這一幕令人無比震撼、感動，牢牢刻在每個人心中，更讓居民們下定鋼鐵般決心，要持續走這條生態保育之路。

隨著環境運動的歷程不斷推進，我們慢慢領略到什麼是土地倫理。除了水與地質，生態更是重要的環境指標。一分特殊因緣，

穿山甲似乎也守護著土地　攝影：孫敬閔

臺 28 縣道水鹿路殺事故現場調查　攝影：黃惠敏

我認識了生態學家楊國禎老師並請他前來引領我們進行植物調查。這個過程中，意外發現了數以百計瀕危的珍稀植物——澤瀉蕨。這讓我們喜出望外，希望珍貴物種可以成為扭轉開發案的助力。

在楊國禎的陪伴下，村民們養成了自發性對環境與植物生長物候變化的觀察紀錄習慣。此外，特有生物中心林德恩老師則帶領我們進入路殺調查的領域。

馬頭山是高山與淺山過渡帶，生態豐富多元，但是動物棲地因臺二十八線道路開發而被貫穿，造成棲地破碎化，動物容易被往來的車輛路殺。我的第一筆路殺紀錄是從二〇一八年開始，當時心中感到困惑，一筆路殺紀錄可以起什麼作用？經年累月慢慢瞭解到，透過紀錄累積的大數據，可以幫助路殺物種以及路殺熱點的盤點，促成友善道路、動物生態廊道的設置，讓用路人及動物們都有一條平安回家的路。

捕捉俗稱白螃蟹的厚圓澤蟹做為零嘴，是馬頭山地區耆老的童年記憶。當一個山頭在乾季發生火災將刺竹林燒毀後，隔年五月，迎來雨季的第一場大雨時，孩童們便會攜帶竹簍前往火災過後的山頭捕捉白螃蟹，每個小孩都可以輕鬆捕獲裝滿整個竹簍的白螃蟹。小螃蟹需要有水才能順利脫殼長大，當論述馬頭山地區有沒有地下水時，這件曾經被我們忽略的日常，卻成為最重要的生態指標支撐。

劉烘昌老師曾經認為，臺灣的西南部在十一月時已經進入乾季一段時間，馬頭山一帶又是以月世界泥岩地質為主的環境，地表與空氣都十分乾燥，這樣的刺竹林與惡地形，直覺跟生態不會有太大的連結。但經過幾趟實地調查，顛覆了他的識覺與想法。劉烘昌說：「從一九八九年研究陸蟹以來，我在臺灣幾乎沒有看過厚圓澤蟹，一直來到馬頭山才看到。我很驚訝，這裡牠洞穴的密度很高，短短一公尺的步道就有兩、三個洞穴，顯示這個地方厚圓澤蟹的量非常大，是厚圓澤蟹在臺灣的

劉烘昌碰到難纏的厚圓澤蟹　攝影：黃惠敏

黃鸝育雛 攝影：蘇宗監

諾亞方舟。但令人大惑不解的是這些厚圓澤蟹的行為。」數十隻在洞口的厚圓澤蟹被手電筒燈光照射後，都是立刻躲入洞穴深處，之後連續兩天的夜間及凌晨天亮前的情況也都如此，要拍一張照片都相當困難。這是劉烘昌研究螃蟹三十二年以來碰到的第一難纏的螃蟹。

除了厚圓澤蟹，劉烘昌還比較了幾個地區的食蟹獴的OI值（每一千小時拍到的有效照片張數），結果發現，馬頭山是南仁山生態保護區的十倍、太魯閣國家公園的五倍。厚圓澤蟹與食蟹獴是互相緊密連繫的食物鏈關係，因此劉烘昌認為：「馬頭山是生態熱點中的熱點，不保留下來，臺灣從此不必談保育。」

每位來到馬頭山的研究者，對惡地都有一番新解。猶記得以研究黑熊著稱的黃美秀老師和劉孝伸老師與我同到馬頭山谷地勘查，在溪谷泥灘地上發現好多厚圓澤蟹洞穴，與動物遺留下來的腳印，包括食蟹獴、白鼻心、鼬獾、梅花鹿、水鹿等，同時也發現了麝香貓的排遺。黃美秀說，馬頭山的意義很深遠，因為她是低海拔殘留的一塊人類良知，一小塊的淨土；哪怕只是一塊小小的面積，卻可以供養非常多的眾生。當我們把臺灣西部環境幾乎破壞殆盡之餘，能有良知留下幾塊綠洲，是很值得做的一件事情。

這點醒了我們，惡地，眾生平等，相互依存。馬頭山是當地的聖山，集體意識下的當地守護神，馬頭山矗立於惡地與迎風搖曳的彩竹相輝映，猶如氣勢磅礡的戰馬；在層層堆疊出來的山嵐霧氣中更添些許仙氣與神祕色彩，猶如置身人間仙境。人們依賴這片土地為生，供養世代子孫；而當馬頭山有難時，人人也振奮起身，反饋生育我們的這片土地，這是天地人的結合。

我們特別嗎？

在進行鑽井岩心研究的過程中，需要大量人力，大家開始跟著專家們學習相關的地質知識，從鑽井場地的初判、鑽井岩心的裝箱及搬運、岩心表面泥漿的刮除、岩心資料的記錄、岩層柱的繪製……，每個細節都一一參與，不僅在知識上突飛猛進，對於環說書也有了基本解讀的能力，甚至在某些細節上導正訛誤，連委員們也表達佩服。在環評會上與業者、環評委員平等對話，這是公民科學家養成非常不容易的一步。

馬頭山矗立於惡地，雲霧繚繞間彷彿守護著眾生。 攝影：李偉傑

豐富的生態是環境指標　攝影：黃惠敏

然而即便如此，在環評會議以及媒體報導上，居民依舊處於弱勢，直到生態學者陳玉峯教授出現。陳玉峯邀請眾學者現勘馬頭山後，著手進行生態深度探討並集結成書，之後更邀請藝文界知名人士來訪進行會談，一夕之間馬頭山掩埋場的諸多爭議成為媒體報導焦點，躍升為全國性議題，受到外界高度重視，市政府也不敢漠視居民們各種正當的訴求。自救會的影響力正慢慢地扭轉這場環境運動的走向。

二〇一七年一場在屏東環盟主辦的專題演講，我第一次認識陳玉峯老師。後來因馬頭山掩埋場開發爭議，陳玉峯受我之邀來到馬頭山。陳玉峯第一次來的時候問我們，為何這裡不應設掩埋場，請大家各自論述。第二次來的時候，我們去攀登馬頭山，到蔓藤天梯馬頭山尾端時，席地而坐。陳玉峯再次問我，回馬頭山有什麼想法，我說，我想把愛找回來。這麼久以來，我不曾真正關心過這片育養我長大的土地發生過的人、事、地、物，回到馬頭山的這幾年，愈發對馬頭山感到陌生，我不想等到失去了才懂得它的珍貴。

接著我又對老師說，我想知道馬頭山的祕密。

陳玉峯坦言，上次來馬頭山第一次現勘後就不想再來了，因為，環境的爭議在臺灣到處都有，如果只是小情小愛，不要掩埋場就好了，也就不需要他。但是第二次跟我的對談中，他感受到我們那分對土地單純的愛，這使他決定留下來幫忙。回去後，陳玉峯寫了二十幾篇對馬頭山的論述，集結為《決戰馬頭山》一書，揭開了馬頭山的生態之謎：「以全球暖化且西南半壁沙漠化的變遷趨勢下，臺灣生態境遇的困境中，泥岩地理區必將擔任物種的調節中樞，包括如海岸植群在內陸的避難，這也就是為什麼馬頭山區孕育著海岸衝風有刺灌叢，以及海岸若干物種的原因。毫無疑問，西南半壁的泥岩地理區正是臺灣演化的極端調節中心，自是臺灣綠色天兵天將的集訓營重鎮之一。她等於是先期作業，在災難還沒有發生之前，就已經在這個最困難的環境培養許多種源，等到災難發生，滅絕的時候，再釋出一批天兵天將，守護臺灣的未來。」

陳玉峯老師是使環境運動受到社會重視的關鍵人物（最前排坐者為陳玉峯）。
攝影：馬頭山自救會

拔管行動

廠商提供的環說書表示馬頭山當地並沒有地下水，廠商的觀測井也長期顯示觀測水管中並無地下水的存在及變動。然而，隨著自救會自設地下水觀測井長期觀察到的數據及居民們長期的生活經驗顯示，馬頭山的確長期擁有地下水。這兩者之間差距實在過大，到底問題出在哪裡？

隨著自救會利用自製的井底攝影機將水管中的影像看清楚之後，答案已然浮現，廠商的觀測水管「沒有開設水管聯外的通水孔」，也就是觀測水井自成一個封閉系統，完全不受外界地下水的影響，因此所產出的數據完全是錯誤的。但如何能讓權責單位環保局及社會大眾明白這個事實？

透過一項又一項的證據，在環評會議上不斷跟高雄市環保局周旋與堅持下，終於取得環保局跟廠商的首肯，針對廠商所設的觀測水井水管進

自救會公民科學家的拔管行動從前置準備、科學研究、技術突破，到現場施作、補給運送，匯聚了一股不可思議的公民力量——「喇賽班」。 攝影：黃淑梅

喇賽班的學習準備過程以及現場工作，包括自製鑽井使用的 PVC 井管；井管斷了刨土處理；焊接三腳架使用等。
攝影：黃淑梅（右上、下）
　　　黃惠敏（左上、左中）

即時觀測井底攝影有無開篩　攝影：馬頭山自救會

鑽井現場　攝影：馬頭山自救會

行拔管；也就是說，透過外力將當初廠商埋設進岩層中的塑膠水管拔出，以證明廠商的水管是否有進行開篩（設置聯外孔洞），是否開篩將直接決定廠商對於地下水資料是否造假。

二〇一八年四月十三、十四日，馬頭山迎來一場驚天動地的「拔管行動」，由高雄市政府環保局主持，並邀請環評委員、開發單位、各方專家學者、地方所有關注本次事件的鄉親共同參與。

在此之前，如何將已經埋藏在岩層中多年的地下水觀測水管拔出，是自救會一個艱鉅的任務，因為所有的鑽井公司都只接鑽井工作，鮮少聽到有人需要進行拔管，所以根本找不到可以合作的公司；除此之外，市場上更不可能有所謂的「拔管工具」。因為大型鑽井機具無法進入施工，而且當下我們也只能相信自己，回到馬頭山才驚覺，我們沒有拔管經驗，而且也沒有器具，當下的氣魄瞬時起煩惱心。

村民自製草仔粿，每個人都用自己的方式為環境盡一分心力。 攝影：馬頭山自救會

製作「拔管工具」這項困難的任務，最後是由當地一群熱血人士組成的「喇賽班」完成。「喇賽班」是當地一群有著共同信念的村民，平日大家各有自己的工作，例如做水電的、做土水的、做鐵工的、開卡車的、做汽修廠的……，為了成功「拔管」集思廣益，使出渾身解數，討論該準備什麼器材與工具及分工。鐵工焊接三腳架；汽修廠負責控制「鏈仔猴」；ＰＶＣ管要如何夾、怎麼套才不會因深埋多年的ＰＶＣ管脆弱風化而斷裂或鬆脫；又泥岩地質乾溼度不同，多少摩擦力需要拉多少、回多少？最後連輪胎內胎都用上了，甚至拔管前，我們還犧牲自救會先前鑽的一口監測井練習拔、做調整。大家將各種絕活發揮到淋漓盡致，終於在拔管行動當天正式登場。

四月十三日拔管當天，自救會自製的拔管工具及井下觀測儀器登場，一切似乎顯得那麼不起眼。頂著炙熱的豔陽，在沒有遮陰的惡地上，要把深埋在地底下二十米的ＰＶＣ管拔起。一開

自救會自力拔出深達 20 米的 PVC 井管　攝影：馬頭山自救會

始並不順利，進度也非常緩慢。一群老弱婦孺荷鋤帶耙，士農工商全集結，要拔出與惡的距離。

拔管的過程幾度ＰＶＣ管斷裂，大家必須向下挖，要挖出斷掉的管口，重新接上「鏈仔猴」繼續拔。老老少少的人力，能用的鏟子、桶子甚至也有人徒手像穿山甲式的挖，累了換下一個，全使出蠻荒之力，沒人想放棄，還有人騎著摩托車穿梭補給，阿婆挑著「飯湯」走在惡地稜線下切谷底，幫大家續接能量，不分彼此分工合作，只想把管子拔出來，雖然身心疲憊但是彼此的心是緊繫著的。

一個多小時之後，拔管的進度開始產生了最關鍵的變化，地下水的觀測水管開始鬆動了，當整根塑膠水管出現在眾人面前時，在場圍觀的群眾瞬時歡聲雷動，因為見證事情真相的一刻終於來臨了。

在高雄市環保局、廠商及眾人的見證下，先仔細地清洗了整根水管，接著在眾目睽睽之下，

環保局長、環評委員、開發業者、馬頭山鄉親共同勘驗拔出的井管。 攝影：馬頭山自救會

開發業者被拔出的觀測井管證明沒有開篩 攝影：馬頭山自救會

確認整根水管完全沒有任何開篩（孔）的跡象，也就是說，確認了當初廠商所埋設的地下水觀測水管完全沒有任何聯外的篩孔，這個封閉系統跟外部的地下水完全沒有任何連動，開發業者的地下井管沒有開篩因此廠商所測量到的任何地下水資料，以及基於沒有地下水這個假設所做出的任何資料研判，全都是錯誤的。

「拔管行動」真真切切撕破了廠商造假的環說書，一群草根村民完成所有人都認為不可能完成的任務，讓自救會方的局勢凌駕到號稱擁有眾多專業人士背書的廠商之上。拔管行動成功的那一刻，整個馬頭山環境運動也正式邁向一個全新的里程碑。

歷經這場拔管的惡地競技場，翻轉了我對「價值」的不同見解。「喇賽班」在很多人眼中都是中低下階層，但在整個環境運動中他們卻是人上人，因為一分堅定守護家園的決心與永不放棄的共同信念，讓一群素人走上了一條追求專業的道路。他們對家鄉熱愛，並將自身專長和堅韌頑強的生命力發揮得淋漓盡致，展現傳統互工文化，謙懷內斂不彰顯。「拔管行動」為馬頭山環境運動寫下了浩瀚的一章。

環評會議上最終認為馬頭山掩埋場存在重大環境爭議，最後決議進入二階環境評估審查。這樣的結果不代表馬頭山的成功，也不是馬頭山的失敗，而是馬頭山環境運動進入了一個全新的章節。這背後有一種更深層的意義，那就是環境保育的永續發展，以及整個臺灣國土規劃何去何從的重大議題。

馬頭山居民以理性科學態度面對掩埋場的環評挑戰　攝影：龔瑞強

2

翻轉惡地

險惡環境下生存的人們，有著異於一般人的堅毅性格，淡泊名利、安居樂業，且比一般人更懂得互助合作，因為只有團結才能在這塊惡地中生存下來。這樣的思維根深蒂固。外界給的壓力愈大，愈能凝聚出動能，總能在惡地低潮中翻轉求生。

人與環境永續共存的新可能——地質公園

居民們累積的能量如何被延續、當地資源如何持續記錄與整合、運動如何轉型、如何讓更多公民參與環境守護？惡地的真正價值究竟為何？深耕在地文史工作的陳聰賢老師引領我去參加地質公園的座談。以前從未聽過什麼是地質公園，跟馬頭山又有什麼關係？之後發現，地質公園所談的四個核心價值，包含地景保育、環境教育、地景旅遊及社區參與，不就是馬頭山正在努力做的事嗎？環境運動是護土的起點，環境保護更沒有終點，二〇一九年六月二日自救會轉型成立馬頭山自然人文協會，將環境運動時建立的人文基礎再深化。例如由在地居民結合人文與保育演出酬神子弟戲「馬頭山傳奇」，以表達對石頭公（馬神）的感謝，並舉辦山村市集，推廣在地農特產、生態旅遊，帶著大家一起尋找馬頭山傳說中的「黑金磚」與「金扁擔」。馬頭山－庄頭走讀透過各種形式，希望將環境危機轉化成為環境永續發展。

馬頭山鄉親祭拜馬雲宮石頭公伯以及土地公，希望將環境危機轉化成為環境永續發展。 攝影：黃惠敏

環境運動後，社區持續學習、監測生態並發展各式文創工作，例如埤塘生態調查、林業植物拓染訓練課程、厚圓澤蟹刺竹手工藝以及紙雕教育推廣等。　攝影：黃惠敏

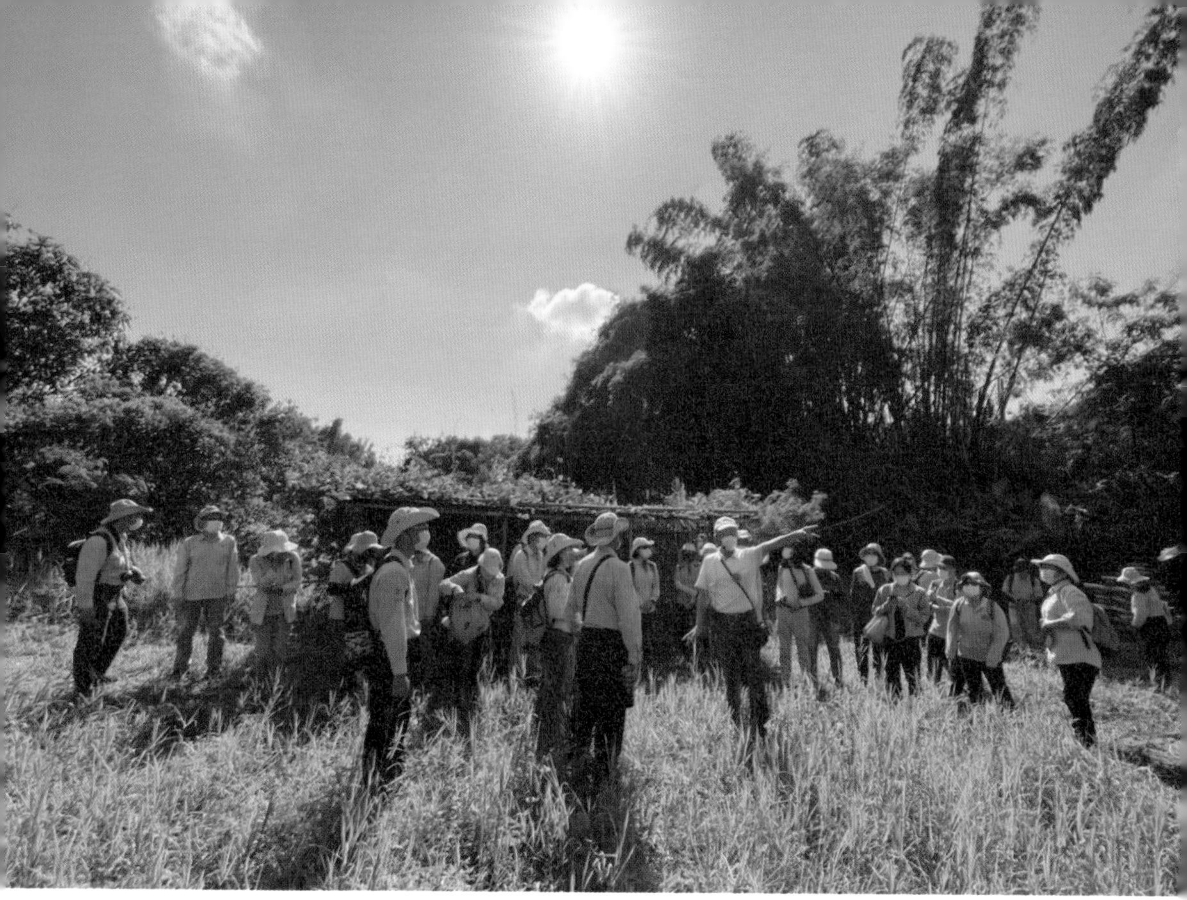

援剿人文協會積極培育解說員，並時常進行跨區的生態考察活動。 攝影：陳士文

地質公園的概念與實踐，開啟了我重新認識家鄉人、文、地、產、景的視角；讓我見識到在這一片泥岩惡地中獨特且多元的地貌多樣性，許多社區前輩們更是早在幾十年前就已默默耕耘、實踐著地質公園的精神，像是援剿人文協會等。[4]

援剿人文協會的創辦人林朝鵬回憶起一九九五年當時成立的初衷。一次不經意間，讀到聯合報副刊一篇文章〈淡水河我的故鄉〉，很受啟發。作者是一位文史工作者，林朝鵬想起幼時跟著阿公到廟口聽大人講古以及自己故鄉的諸多故事，是否也能夠被記錄下來呢。於是，開始在燕巢、滾水、援剿右各庄頭騎著摩托車四處繞、

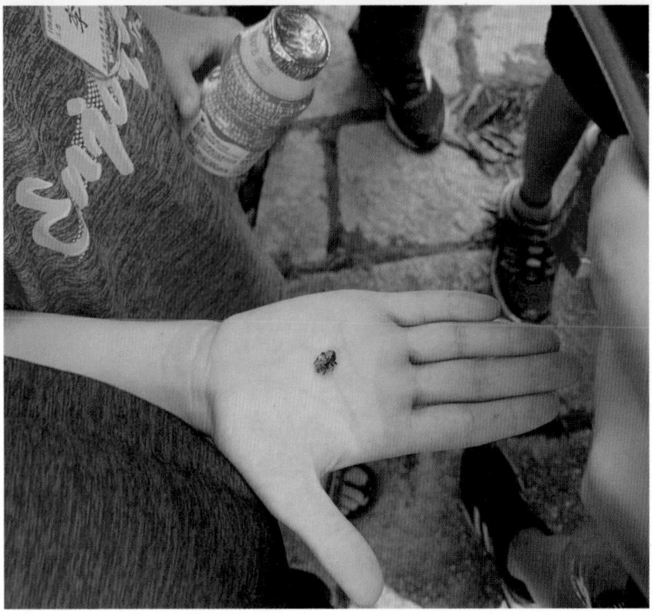

援剿人文協會長期耕耘地方文史與環境保育，除了在烏山頂泥火山定點解說，更紮根小小解說員培育。
攝影：林咨妗

帶著相機到處拍，在廟口訪談榕樹下的耆老與文化、收集已漸漸被遺忘的文史資料、撰寫鄉土教育的相關題材、舉辦藝文活動、文化講座與辦理田園教學等。一九九九年臺灣遭逢九二一大地震災變，中部受創嚴重，旅遊業者轉往南部發展，協會除了持續累積文史工作，也更積極投入自然環境生態教育與解說。

烏山頂泥火山自然保留區一直是援剿人文協會投入保育與生態旅遊的重要據點，一開始管理並不完善，且前來的遊客在缺乏專業解說的情形下，只能很簡略粗糙地瞭解泥岩，並將泥漿往身上塗塗抹抹。由於希望提升旅遊品質，讓訪客得到正確的認知，於是援剿人文協會主動聯繫縣政府生態保育課，毛遂自薦擔任義務解說員，與鄉公所合作協力導覽解說。之後，透過高雄師範大學的齊士崢教授邀請，加入地質公園網絡團隊，如今的援剿人文協會已成為高雄泥岩惡地地質公園環境教育與地景保育、生態解說的先驅與引領角色，志工們更從興趣變成是使命。

二〇二一年九月，高雄泥岩惡地地質公園在由援剿人文協會等九家在地人民團體提報計畫後，正式成為國內第九座公告的地質公園。地質公園是一種由下而上、由地方而中央的保育行動；在地人訴說自己的故事，使地方創生出無可取代的獨特性，愈在地愈國際。

在地夥伴關係的傳承與年輕化

臺灣人口結構進入超高齡化社會，為改善人口嚴重流失及老化之現象，需要注入年輕活血。實踐大學翁裕峰老師深耕惡地數載，從左鎮開始停駐，累積當地深具價值的文化古蹟以及原民遺產的歷史記憶。翁裕峰認為，歷史文化、地質解說、環境教育若能相互結合，將是發展地方最佳的策略，且更能吸引國際重視。在學校社會責任政策期待下，翁裕峰將左鎮的經驗延伸到同樣是惡地的高雄。

當社區與學校成為夥伴關係，大學就成為一種動能，可以填補人力與知識缺口。瞭解地方、正視地方、從當地的角度來協助社區的發展，甚至開設特殊學程，這些是學校能夠思考與行動的方向。

高雄與左鎮有類似的地質條件，卻也存在文化差異。翁裕峰媒合實踐大學高雄校區服飾設計及經營學系與社區夥伴合作，將服裝設計融入自然地景與生活文化，在馬頭山舉辦了一場社區與學生合作的「惡地植享拾光~生態導覽／在地市集／祈福竹燈戶外走秀」；同樣的支持，實踐大學電腦動畫學士學位學程則與馬頭山合作，以生態保育為主題，製作2D與3D動畫「惡地捍衛聯盟」。重要的是過程，師生直接與在地對話，瞭解當地人文及生活行為、觀察對生態保育的觀點及態度，從而解析生產中所面臨的各種問題，協助提出跨界的保育方法與措施，找出解決方法。

在地方創生座談中，常常聽到談論如何讓年輕人願意返鄉？政策性的目的是什麼？對家鄉是否認同？如何推廣地方讓特色被看見？然而，如果我們從小就沒有對土地認同，地方也缺乏長遠的發展性，僅靠補助手段吸引年輕人返鄉，或許並非好的方法。認同需要時間累積，當人們與土地彼此親近的次數多了，觀察的機會增加，就會逐漸產生情感連結。

實踐大學與馬頭山合作「惡地植享拾光～生態導覽／在地市集／祈福竹燈戶外走秀」 圖片提供：高雄市政府農業局

內門是總舖師原鄉，全盛時期鄉內超過一百多位的總舖師，呂昭輝和李芝瑜夫妻兩人帶著從小跟著阿嬤與爸爸到處辦桌的記憶，回到家鄉接下龍翔筵席的家傳第三代棒子，創辦了「金葉摸油湯」。「金葉」是阿嬤的名字，「摸油湯」是早期從事餐飲工作者的自稱──「做油湯（臺語）」，因此取名為「金葉摸油湯」，具有傳承的意義。除了延續家傳口味，他們更大膽創新，在傳統與現代之間尋找一個平

金葉摸油湯重視傳統，更大膽創新，讓辦桌文化變得時尚而多元。
圖片提供：金葉摸油湯辦桌文化工作室

劉茂林返鄉學習重機械操作，因此更加熟悉家鄉環境，持續投入保育工作。 攝影：黃惠敏

衡的機制，讓辦桌文化跨越傳統、變得時尚，更有潛力推向國際。

埤塘是惡地自然地景，也是活水源頭。劉茂林原來任職於空軍航空工業局，他在惡地發現商機，返鄉學習重機械操作，鄰近鄉鎮及家鄉的埤塘、整地，都會找他；也因為工作緣故，劉茂林熟悉馬頭山的地質水文與生態環境，對家鄉的熱愛讓他在環境運動中發揮所長、無私奉獻，我們都稱他「馬頭山博士」。

詮豐有機農場吳參貴早年在田寮開設了第一家精密儀器工廠；如今，使命感讓他轉投資在地農產及加工，希望栽種有機作物，發揚惡地的味道。他的理想感動不少人，有愈來愈多惡地返鄉青年加入他們的行列，投入協助經營管理。

從這些築夢惡地的人們身上，我們看到傳承、看到世代轉型，逐漸成為一股凝聚在地價值的重要能量。

不斷侵蝕、不斷隆起——擁有造山性格的人、生物與土地

在鄰避設施、環境困境中，透過瞭解法規、探索科學與人文生態、培力公民參與等，惡地的價值已逐漸被翻轉。

窮則變，變則通，生命總會找到出路，就像內門的火鶴花。曾經因口蹄疫遭到重創的內門農畜業，意外締造了另一片新世界。內門區沒有工業汙染，日夜溫差大，雖然青灰岩的土質比較不適合種植其他作物，卻是火鶴花的天選之地，加上火鶴花對水的需求量不大，經過多年的研究栽培，內門已成為全國第二大火鶴花生產地。當我第一眼看到火鶴花「薪傳」，深烙我心，圓柱形的肉穗花序像香柱，象徵內門人對觀音佛祖的虔誠；紅色的佛焰苞片則像極了惡地人熱情的心。

馬頭山一直有很多傳說，其中廣為人知的是「黑金磚」跟「金扁擔」。傳說中有人在這一帶獲得了這兩項至寶，因此一夜致富；但是仍有失落的「黑金磚」及「金扁擔」未被發現，成為當地人口耳相傳的地下寶藏。[5]

真有傳說中的黑金磚與金扁擔嗎？我踏遍了每一寸土地，遍尋不著。疲累時，我總喜歡躺臥在能讓我心靈沉澱的泥岩海銀土上，心無雜念之際，我似乎得到了答案。我所依臥的土地，不就是傳說中的黑金磚嗎？惡地地景孕育生物多樣性，生態、人文、地形、地質等各方面豐富的資源，

火鶴花紅色的佛焰苞片像極了惡地人熱情的心　攝影：黃惠敏

攝影：黃惠敏

讓萬物安身立命，生生不息。這些才是我們應該努力去守護的「黑金磚」跟「金扁擔」。

透鏡體砂岩矗立在一整片灰白色的泥岩惡地中，形成特殊地景，透水性良好的砂岩體是潔淨水的起源，刺竹林層層庇護下，孕育出了獨特的厚圓澤蟹、食蟹獴、穿山甲等生物，像極了生態上的諾亞方舟。極端的環境，也造就了極度獨特的生態系統。

崎嶇惡地雖然問題不斷湧現，高汙染開發案紛紛找上了這裡，儼然成了全臺灣的垃圾處理預備場；然而，惡地長久以來已建立起了自我的生存之道，不斷隨時代翻轉，正是此處的真正價值。[6]

惡地，就像造山運動，不斷的碰撞、擠壓、抬升，同時隨順自然侵蝕、變動、消長。在二仁溪曲流溫柔的環抱下，這裡的生物與人們創造出善解、包容、熱情的地方特質與文化，堅強地承擔一切考驗。

注釋

1 二〇一二年五月五日，環境保護署環境論壇發布「富駿事業股份有限公司乙級廢棄物處理場開發計畫」環境影響說明書：同年五月十七日在瑞山社區活動中心辦理說明會，因居民反對而中止。二〇一五年四月二十八日，富駿事業股份有限公司乙級廢棄物處理場開發計畫再次於行政院環境保護署環評開發論壇公告。二〇一五年五月八日，於高雄市內門紫竹寺香客大樓召開說明會。富駿事業股份有限公司為可寧衛股份有限公司的子公司。

2 最初美濃愛鄉協進會劉孝伸理事長提供了馬頭山紅外線自動照相機，提醒我們可以調查掩埋場開發預定地內生態狀況。我與龔文雄校長在毫無經驗下裝設了數台自動照相機，巡查相機時驚喜發現數量龐大的生態紀錄，卻因設定不佳，空歡喜一場。後來經由高雄鳥會引薦認識姜博仁老師所帶領的野聲環境生態公司團隊，委由原住彌陀的林宗以老師前來馬頭山協助架設技巧。林宗以有問必答，知無不言，為我打了一劑非常強大的強心針，開啟了我的學習大門。

3 馬頭山自救會成員在諸多專業研究者的協助下，學習各種科學調查的知識技能，二〇一六年七月一日完成《高雄市馬頭山事業廢棄物掩埋場區及鄰近區域地質調查報告》；二〇一七年三月六日完成《馬頭山事業廢棄物掩埋場地下構造研究報告》；二〇一七年八月二十八日完成《馬頭山事業廢棄物掩埋場及鄰近區域新期構造研究》。

4 臺南到高雄的惡地區域內，有許多在社區深耕多時的協會團體，例如高雄市援剿人文協會、大崗山人文協會、內東社區發展協會、內南社區發展協會、古亭社區發展協會、金山社區發展協會、鹿埔社區發展協會與惡地農夫工作室等。他們不斷實踐著地景保育、社區營造或社區參與導覽解說的工作。區域內的地質生態重要景點包括了全國噴泥口最密集的烏山頂泥火山地景自然保留區、珊瑚礁石灰岩雞冠山、大崗山、新太陽谷、月世界泥岩惡地、月世界泥火山、小滾水、尪仔上天、馬頭山砂岩體及二仁溪曲流切斷與牛軛湖觀景點等。

5 金扁擔的傳說，是住在馬頭山下有一戶人家靠砍柴維生，有一天早晨天微亮，黃婦起個大早要去挑水，發現馬頭山腳下閃閃發亮，趨前發現是一根黃金扁擔，婦人趕緊放下水桶，伸手用力拔，結果拔斷了半根，另一半遁入岩石裡了，至今仍遺留另一半在馬頭山下。黑金磚的傳說，是相傳一百多年前，有一位來自府城（臺南）從商的員外，從蕃薯寮（旗山）要回臺南府城途中，行經馬頭山旁時，員外口渴想喝水，於是令樵夫停轎於馬頭山下一口湧泉處，正當員外趨近想掬取泉水喝時，看見山壁出現兩行字「雙腳踏雙金，雙手捧水啉（喝）」，赫然發現腳下踩的是兩塊黑金磚，於是員外命轎夫將兩塊黑金磚用轎子扛回去，自己走回府城。

6 可寧衛子公司富駿股份有限公司申請的馬頭山掩埋場開發乙案，因對環境有重大影響之虞進入二階環評審查。而可寧衛並未停止腳步，掩埋場的原班人馬另起爐灶，成立「大兆循環經濟股份有限公司」子公司，在掩埋場預定地緊鄰土地申請占地二六·八八公頃的「新農業循環園區」，業者稱興建畜牧場是為了發展新農業，能夠照顧土地，並促進地方的經濟發展。

結語

惡地文化的極致是韌性

被科學定義的泥岩惡地與泥火山

臺灣西南一千多平方公里的泥岩惡地，在科學家的眼中有地質學、地形學和測量[1]，此科學分類圖像與惡地的主流定義相去不遠，凸顯惡地岩石之組成顆粒、孔隙小、膠結差、易龜裂、易遭雨水和生物作用侵蝕，加上差異侵蝕，而出現深峻或細密的雨溝、蝕溝、土指、泥痕、潛洞等。說它童山濯濯、草木難生，似乎成為惡地的宿命，一個被科學定義的宿命。

所幸，雜處泥岩區域的泥火山是驚豔，只要有水分、氣體，透過土地裂隙，夾雜泥岩細緻的顆粒泌泌溢流或湧出地表，接近常溫的泥水溫度，卻是此地多處滾水地名之緣由。少數有足夠甲烷天然氣的泥火山口在其湧流之際，以火點燃之，可生火焰，更是吸睛的環境教育動態景觀，此特質也回應日治時期地質礦物探勘者汲汲探查的黑金想像。

惡地多被以不毛之地、荒蕪、邊陲形容。衡諸早期對惡地的系統性科學文集[2]，對管狀滲蝕現象有深入研究，例如逕流、土壤的物理和化學屬性、侵蝕狀態與屬性、蝕溝發展、水文特性、排水網路、沉積與溶質、泥岩定年、剝蝕作用、溼度與溫度的作用等，是科學家對泥岩惡地的好奇。今日社會則更重視人類的能動性及其與惡地生活舞臺的互動關係，超越以純粹科學視野看待惡地，揭露惡地的生機與惡地上的五生，生存、生計、生活、生態以及生命。生活其間者孜孜矻矻的營生方式與成果，亦是在地環境教育切入點。

過渡地帶的多元與豐富

臺灣西南泥岩區，從丘陵到平原，是一度又一度變化的過程，每一個此在都是下一個體現的基礎。西南泥岩惡地由海拔數百公尺到數十公尺，由偏遠的山村到都市的郊區，由拋荒的土地到層層間作，由放牧到農耕，每一種過渡都是可見的生活場景、地景與現實，也是人與自然環境對話的結果。當然，也有許多不可見，或需長時觀察與探究才可見、可知的，例如它曾是原漢互動之地、族群共創之地、文化交流之地、貿易之地，也是西方傳教士和博物學者的冒險踏查之地。

位處歐亞板塊與菲律賓海板塊接觸帶的臺灣，是西南泥岩地區之斷層及海相沉積泥岩層的基礎，雖然在生活的尺度不易眼見板塊交接與碰撞及沉積歷程，土地上有歷歷在目的地景與痕跡，是說明此泥岩惡地位處地球空間尺度的過渡帶及其牽動土地脈動的可見之物，例如岩層內的各種化石和珊瑚礁石灰岩。泥岩地區也是我國經濟部中央地質調查所的山崩與地滑地質敏感區劃定計畫所關心的區域，在此多元的環境基礎上，泥岩惡地區域之複合性災害也應受到關注。

然而，每種逆境或可能的災害，都是地方生活掙脫其制約及融其於生活的機會。位處臺灣南部乾、溼分明的泥岩惡地區域，河川是荒溪型河川，而乾季時的泥岩乾涸堅硬，耕作成本極高，遇雨則泥濘難行，邊坡易崩塌；儘管是逆境，卻長出因應環境的地方生活文化與農作智慧，以及抗衡環境的生活韌性與文明，例如農塘取水、溪流放竹、陣頭團練、總舖師團隊，都是惡地的文化與文明。

生活者與公民科學家的選擇與定義

二十一世紀的年輕公民，是環境世代的原住民，他們成長在充滿環境警戒與關懷之中，是否每一位都有機會將環境訊息轉化並落實為生活實踐？是否每一位都對自身與環境的關係有好奇並探究？答案或許不樂觀，但現實上，社會需要有積極的環境觀察、調查、盤整、規劃以及落實行動的力量與意志，以達致美好的生活或個別期待的未來環境想像。愈在地愈智慧，因為科學實踐的健全，立基在有地方知識的行動中。

生活在西南泥岩惡地逆境與當代環境衝突中的不安者，體察泥岩生活環境與都市水泥環境之差異，投入搶救路殺、挽救珍稀物種、盤整生態資源，以及習得傳統環境智慧。他們體認到泥岩區域環境處在瀕臨崩落的邊緣之際，在地的情感與認同以及社會力的集結，將是形成公民科學家的動能，更形成主動定義自身所處的生活環境之力，這股力量或許無形，但卻強大，足以摧堅攻城，可以化腐朽為神奇。如果積極檢視在地生活與地球環境的關係，在地生活者能以科學方法結合具深度與厚度的經驗，落實惡地上的好人與環境協調之生活方式，選擇具地方特色的生活、自我定義惡地。

猶記得二〇一二年秋，臺灣地質公園學會辦理第二屆地質公園社區網絡會議，大夥兒聚集到草嶺神農大飯店，受邀同行的前聯合國教科文組織地球科學部部長沃夫根·艾德（Wolfgang Eder）教授頻頻微笑地說，羨慕臺灣社區回應地質公園的能量，我則回以臺灣多地震、颱風及其所致災害，較易引起社區關心自身所處的地球環境。於今回想，我太膚淺，其實更重要的原因是每個社區都有在地的驕傲，希望被看到、認同。網絡交流晚餐期間，援剿人文協會的林朝鵬帶著數位協會的朋友，走到艾德博士旁向教授表達敬意，他說我們來自惡地，譯者將之翻譯為「我們是來自惡地的好人」。

二〇二〇年八月當新冠肺炎疫情持續威脅全球社會時，成功大學舉辦了西南厚層泥岩地質災害研討會，我在會場毫無預期地看到許多泥岩社區的朋友，瞬時感受到一股草根公民科學家的熱情能量。研討會以「泥貫入體」的科學及其對泥岩區域的影響為討論主軸，如同活斷層的作用般，泥貫入體在泥岩地區的作用不容小覷。對泥岩區域生活者而言，確實是身歷其境，國道三號高速公路中寮隧道之位移變形以及鄰近泥岩區域的建物毀損等，就在他們的家鄉泥岩聚落附近，怎不令公民科學家關心呢？近身觀察、以身丈量惡地，正是公民科學家關心惡地的方式。他們選擇自我的角色，守護泥岩惡地、豐富泥岩惡地；自我定義惡地，打破單一化的框架，讓惡地的多元豐富被看見。

惡地文明的極致是韌性

面對環境變遷與極端氣候事件、非線性的各種變化、突發的病毒或瘟疫等，社會的極限受到強烈

攝影：余通城

考驗；儘管科技進步、創意發想、產業策略調整等，仍不足以因應。泥岩惡地聚落面對極端與突發的橫逆、逆境或災害時，需要恆常的觀察、瞭解所創生的技能與技藝，更需要韌性，而韌性是建立在柔軟與土地共存共榮的智慧上。韌性，並非不崩壞或不破裂，而是在崩壞或破裂後，可回彈或恢復到原先的狀態。表現在泥岩惡地，則是以符合泥岩環境與生態的方式建構進步的未來，以里山的精神與作為在既有的環境中，謀求人與環境共榮；而不是灌水泥柱於泥岩中，也非恣意讓惡水流洩泥岩區域。透過對泥岩環境的瞭解，以在地傳統方法與技藝實踐永續的環境作為，傳承惡地好人代代相續具人文、生態和諧之生活方式與文化，是建構地方韌性之本。

農夫對土地的認同與倫理，支持了農業耕作的積極與恆常；而農耕作業的生活方式，是維持土地倫理與認同的實質作為；人們就在特定的農耕生活方式中安身立命，維繫並增進足以代代相傳的精神價值及態度。農業耕作不僅是一種職業或業別，乃是具有土地生態倫理的生活方式，它是一種無形的與有形的襲產，虛實整合、相互為用。惡地上的農夫，維繫的不是生計，而是守護土地的精神、守護在穩定中創發與蛻變的生活韌性。

因著對土地的黏著性，老農夫不會離開土地，就像魚兒不離開水一般。因著對土地的承諾，老農夫不會放棄土地，他們幫土地疏通筋骨，讓精靈圍著丘陵唱歌，他們思考如何善用當代科學、技術及創意智慧，加值傳統的農作成果，使土地上的收穫更豐碩，以回應永續發展的熱情，對土地負責。以守護並優化惡地的人文生態，向先祖表達對其篳路藍縷累積家業之敬意；以持續耕耘惡地的人地關係，在變色的四季中向惡地說：惡地早安、惡地好、惡地晚安！

在山嵐雲霧裊繞之際，看見惡地的美令人心醉。在無雲的月夜下，看見惡地閃閃發亮的海銀土令人神迷。在豔陽下的惡地，盡覽靜默的黃灰土、綠村舍、墨山丘；在蜿蜒小徑上，身隨觀音佛祖媽遶境人群踏遍寸寸土地。將這一切串連起來，是文化路徑、是生態珠串，成為一幅寧謐未央的畫，待由未來彩繪。

撰文：蘇淑娟

注釋

1 此處所名三學科，取自國家教育研究院的雙語詞彙、學術名詞暨辭書資訊網列舉的「惡地」（badland）一辭的相關學科。來源：https://terms.naer.edu.tw/detail/3136962/

2 Rorke Bryan and Aaron Yair, *Badland Geomorphology and Piping* . Norwich, England : Geo Books, 1982.

地質年代簡表

宙（元） EON	代 ERA	紀 PERIOD	世 EPOCH	距今大約年代（百萬年前） MILLION YEARS
顯生宙 Phanerozoic	新生代 Cenozoic	第四紀 Quaternary	全新世 Holocene	現代 Today ～ 0.0117
			更新世 Pleistocene	0.0117 ～ 2.588
		新近紀（新第三紀） Neogene	上新世 Pliocene	2.58 ～ 5.3
			中新世 Miocene	5.3 ～ 23.03
		古近紀（古第三紀） Paleogene	漸新世 Oligocene	23.03 ～ 33.9
			始新世 Eocene	33.9 ～ 56.0
			古新世 Paleocene	56.0 ～ 66.0
	中生代 Messozoic	白堊紀 Cretaceous		66.0 ～ 145
		侏羅紀 Jurassic		145 ～ 201.3
		三疊紀 Triassic		201.3 ～ 251.902
	古生代 Palaeozoic	二疊紀 Permian		251.902 ～ 298.9
		石炭紀 Carboniferous		298.9 ～ 358.9
		泥盆紀 Devonian		358.9 ～ 419.2
		志留紀 Silurian		419.2 ～ 443.8
		奧陶紀 Ordovician		443.8 ～ 485.4
		寒武紀 Cambrian		485.4 ～ 541.0
前寒武紀 Precambrian				541 ～ 4600

特別說明

1. 依據國際地層委員會 International Chronostratigraphic Chart V.2020/01 版加以簡摘。
   http://www.stratigraphy.org/index.php/ics-chart-timescale
2. 本書針對地質年代的中文譯名，主要參考《普通地質學（上）（下）》（臺北：臺大出版中心，二〇一八）、《臺灣地質概論》（臺北：中華民國地質學會，二〇一六）以及「國家教育研究院」之官方網站資料 http://terms.naer.edu.tw/。容或有其他譯名，讀者可由英文原文比對之。

關於地質公園

聯合國教科文組織（United Nations Educational, Scientific and Cultural Organization，UNESCO）在 1999 年 11 月提出「促使各地具有特殊地質現象的景點共同形成全球性的網絡」這項計畫，並獲得聯合國大會會議（General Assembly, UN）的核准。這項計畫從世界各地整合一些國家性或國際性的地景保育（Landscape conservation）景點之成果或一般所稱的地質遺產（geological heritage），這些地景為具有代表性、特殊性、不可取代性等特質，以維護它們為基礎的價值，而進行具有積極社會性目標的地球環境保育的整合，以地質公園（geopark）之名提倡之。

各國與各領域學者對於 geopark 一詞的理解方式各有不同，但均含有地質公園四個核心價值，包含：地景保育、環境教育、地景旅遊及社區參與。聯合國教科文組織推動地質公園的目的，是為了達到環境保護與促進小區域的社會經濟，整合自然環境與人文社會環境使其能永續發展；並藉由提升大眾對地球遺產價值的認知，增進我們對地球與環境承載力的認識，使我們能更明智地使用地球資源，進而達到人與環境之間的平衡關係。

設立地質公園的目的，除了希望達到保育特殊地質、地形景觀外，同時也希望能藉由地景保育，讓環境教育紮根，也使地質或生態遊憩休閒行為更具環境敏感度考量，利用地方社區的共同參與而能創造地方感，並促進區域社會經濟的發展。

基於這樣的概念，臺灣每一個區域、縣市或鄉鎮市，都可以試著找出具有獨特性、代表性、特殊性的地質、地形景點，配合國土綜合發展計畫、各縣市綜合發展計畫的規劃，發展代表地方的地質公園。地質公園設置的四項核心價值是臺灣推動地質公園工作最主要的指導方向、動力的來源，更是環境保育的未來願景。

2004 年臺灣便有地質公園的提議，2011 年成立了臺灣地質公園網絡，同年在全國地景保育研討會大會上，宣讀認可推動地質公園的「台北宣言」。

2016 年 7 月 27 日《文化資產保存法》修正後，地質公園正式納入新增的文化資產類別，屬於自然地景的一類，修法前林務局已經開始推動許多地質公園示範區。截至 2021 年 12 月，臺灣共計有 9 座為已通過指定之地方級地質公園，分別為：馬祖地質公園、草嶺地質公園、桃園草漯沙丘地質公園、澎湖海洋地質公園、利吉惡地地質公園、東部海岸富岡地質公園、野柳地質公園、龍崎牛埔惡地地質公園、高雄泥岩惡地地質公園。

資料參考：
1. 臺灣地質公園學會網站：http://140.112.64.54:88/zh_tw/TCG02/Into01
2. 林務局自然保育網：https://conservation.forest.gov.tw/0001803
3. Global Geoparks Network International Association：https://www.visitgeoparks.org/what-are-geopark
4. The European Geoparks Network：https://www.europeangeoparks.org/

致謝

Yen-chun Lu（揉眼睛）
丁素貞
力永信
王一匡
王人凱
王子碩
王小棣
王文誠
王南琦
王豫煌
石同生
朱水文
朱信強
朱淑娟
朱裕寬
余奕靖
余通城
吳仁邦
吳宗叡
吳明憲
吳美娥
吳泰維
吳益政
呂自揚
呂宏昌
呂志豪
李政璋
李偉傑
李慧宜
李慶芳
李璟泓
沈芳昌
沈淑敏
周飛宏
林于凱
林文彥
林月靜
林世忠
林秀免
林宗以
林岱樺
林玫瑛
林俊全
林咨妗
林筊克
林高章
林啟文
林清河
林富寶
林朝鵬
林義迪
林聖欽
林德恩
林麗琪
芮斯
邱郁文
邱議瑩
侯進雄
姚麗香
柯一正
柯木村
洪千玉
洪生業
洪孝宇
洪富賢
洪瑞發
洪德興
洪輝祥
紀權窅
姜博仁
唐光佑
孫崇傑
孫敬閔
孫窮理
晁瑞光
翁裕峰
高淑慧
張中白
張秀慈
張育誠
張雅淩
張錦泉
張錦棠
張瀞今
張韻萍
張讚合
許美玲
許陳碧敦
許皓捷
許愷麟
許增利
許震唐
郭憲彰
陳三兒
陳士文
陳文山
陳玉峯
陳志昌
陳秀柔
陳秀雪
陳來興
陳冠清
陳政桓
陳美惠
陳泰祥
陳椒華
陳瑞珠
陳聖允
陳碧敦
陳聰賢
傅志男
彭鳳珠
曾慶義
游牧笛
游俊樺
游貴花
黃子權
黃仲民
黃吉村
黃松宏
黃美秀
黃梅
黃淑梅
黃景自
黃煥彰
黃碧恭
楊美芬
楊國禎
董娘
廖金山
廖倩儀
趙鴻椿
齊士崢
劉文寶
劉孝伸
劉旺昌
劉思
劉茂林
劉烘昌
劉淑惠
劉達亮
劉瑩三
潘炎聰
潘雅茹
蔡佩娟
蔡幸蒨
蔡嘉陽
蔡鵑如
蔡瓊鳳
鄭邦鎮
盧宗正
盧景得
賴政達
鍾秀梅
韓國瑜
簡義明
顏一勤
魏浚紘
蘇宗監
蘇義昌
羅立（臺大地質）
龔文雄
龔飛盛

中央研究院人社中心
交通部公路總局第三區養護工程處高雄工務段
行政院農業委員會林務局
行政院農業委員會林務局屏東林區管理處
行政院農業委員會特有生物研究保育中心
屏東科技大學
屏東科技大學鳥類生態研究室
高雄市政府文化局
高雄市政府農業局
高雄市湖內分局崇德派出所
高雄市旗山分局
高雄市旗山分局建國派出所
國立臺灣大學地理環境資源學系
國立臺灣師範大學地理學系
國立臺灣博物館
國立臺灣圖書館
國家自然公園管理處
經濟部中央地質調查所
實踐大學服飾設計與經營學系
實踐大學國際貿易學系
實踐大學電腦動畫學士學位學程
實踐大學觀光管理學系
大崗山人文協會
大順帆布行
大寮區內坑社區發展協會
中科污染搜查線
內東社區發展協會
內門南海紫竹寺
內門紫竹寺
內門順賢宮
內南社區發展協會
反馬頭山事業廢棄物掩埋場自救會
反國道七號自救會
水土保持局臺南分局
牛埔里反歐欣掩埋場自救會
古亭社區發展協會
左達工作室
左鎮公館社區發展協會
田寮月照農場
田寮農會
地球公民基金會
守護茄萣濕地青年聯盟
育合春教育基金會
岡山社區大學
東山鄉環境保護自救會
松菸護樹志工團
林園反石化汙染自救會
金山社區發展協會
金煙囪文化協進會
屏東縣烏甜仔文化協會
屏東縣教育產業工會
屏東環境保育聯盟
政衡法律事務所
美濃愛鄉協進會
茄萣生態文化協會
挺挺動物應援團
桃園在地聯盟
桃園國一甲反興建聯盟
泰山反變電所自救會
耘林藝術人文生態關懷協會
荒野保護協會高雄分會
荒野保護協會臺南分會
馬雲宮
馬頭山喇賽班
高雄市公民監督公僕聯盟
高雄市美濃八色鳥協會
高雄市茄萣舢筏協會
高雄市馬頭山自然人文協會
高雄市援剿人文協會
高雄市教育產業工會
高雄市野鳥學會
高雄市湖內分局
高雄健康空氣行動聯盟
崇德社區發展協會
野人谷生態顧問有限公司
野聲環境生態顧問有限公司
鹿埔社區發展協會
尊懷文教基金會
惡地農夫工作室
萃文書院社會福利慈善事業基金會
雲林淺海養殖協會
經典工程顧問有限公司
詮豐有機農場
彰化縣綠色人文保育協會
彰化縣環境保育聯盟
旗山枝仔冰城
旗山飛揚教會
旗美社區大學
綠農的家
臺北社區大學
臺南市水資源保育聯盟
臺南市社區大學研究發展協會
臺南市教育產業工會
臺南市野鳥學會
臺南市環境保護聯盟
臺南市龍崎永續發展協會
臺灣水資源保育聯盟
臺灣主婦聯盟消費合作社臺南分社
臺灣生態學會
臺灣地質公園學會
臺灣要健康婆婆爸爸媽媽團
臺灣農村陣線
臺灣濕地保護聯盟
臺灣環境保護聯盟
臺灣護樹團體聯盟
龍華渡假山莊
藍色東港溪保育協會
羅漢門人文協會
羅漢門文史工作室
孽汶 3+1

※ 謹以最誠摯的心意向以上所有夥伴、單位團體表達由衷謝意。

beNature 01

臺灣惡地誌：
見證臺灣造山運動與四百年淺山文明生態史

作者　蘇淑娟、梁舒婷、吳依璇、劉閔逸、柯伶樺、邱岣文、黃惠敏
審定　王文誠、林俊全、陳文山、劉瑩三、蘇淑娟

野人文化股份有限公司　第二編輯部
主編　王梵
封面設計　王小美
內文排版製圖　吳貞儒
校對　翁蓓玉

出版　野人文化股份有限公司
發行　遠足文化事業股份有限公司
（讀書共和國出版集團）
地址　231 新北市新店區民權路 108-2 號 9 樓
電話　(02)2218-1417
傳真　(02)8667-1065
電子信箱　service@bookrep.com.tw
網址　www.bookrep.com.tw
郵撥帳號　19504465 遠足文化事業股份有限公司
客服專線　0800-221-029
法律顧問　華洋法律事務所 蘇文生律師
印製　呈靖彩藝有限公司
初版一刷　2022 年 8 月
二版一刷　2024 年 5 月
定價　630 元
ISBN　978-986-384-758-8
EISBN(PDF)　978-986-384-767-0
EISBN(EPUB)　978-986-384-768-7

國家圖書館出版品預行編目 (CIP) 資料：

臺灣惡地誌 : 見證臺灣造山運動與四百年淺山文明生態史 / 蘇淑娟 , 梁舒婷 , 吳依璇 , 劉閔逸 , 柯伶樺 , 邱岣文 , 黃惠敏著 .-- 初版 .-- 新北市 : 野人文化股份有限公司出版 : 遠足文化事業股份有限公司發行 ,2022.08
面 ;　公分 . -- (beNature ; 1)
ISBN 978-986-384-758-8(平裝)

1.CST: 地形 2.CST: 地質 3.CST: 自然保育 4.CST: 臺灣

351.133　　111010844

野人文化　讀者回函卡

書名 ____________________

姓名 ____________ 年齡 ____________ □女　□男　□其他

地址 ____________________

____

電話 ____________ 手機 ____________

email ____________________

□同意　□不同意　收到野人文化以及讀書共和國新書電子報

學歷　□國中（含以下）　□高中職　□大專　□研究所以上

職業　□生產／製造　□金融／商業　□傳播／廣告　□軍警／公務員　□教育／文化

□旅遊／運輸　□醫療／保健　□仲介／服務　□學生　□自由／家管　□其他

◆你從何處知道此書？

□書店：名稱 ____________ □網路：名稱 ____________

□量販店：名稱 ____________ □其他 ____________

◆你以何種方式購買本書？

□博客來網路書店　□誠品書店　□誠品網路書店

□金石堂書店　□金石堂網路書店　□其他 ____________

◆你的閱讀類型？

□親子教養　□文學小說　□藝術設計　□人文社科　□自然科學　□商業理財

□宗教哲學　□心理勵志　□休閒生活（旅遊、園藝等）　□手工藝／ DIY

□飲食／食譜　□健康養生　□運動　□圖文漫畫　□繪本　□其他

◆你會閱讀電子書嗎？

□會　□不會　□考慮

◆你對本書的評價與建議？（請填代號 1. 非常滿意　2. 滿意　3. 尚可　4. 待改進）

書名 ______ 封面設計 ______ 版面編排 ______ 印刷 ______

內容 ______ 整體 ______

◆你對本書的建議？ ____________________

____

____

____

非常感謝您的寶貴意見，將是我們進步的重要參考與動力。

廣　告　回　函
板橋郵政管理局登記證
板 橋 廣 字 第 143 號

郵資已付　免貼郵票

23141
新北市新店區民權路 108-2 號 9 樓
野人文化股份有限公司 收

請沿線撕下對折寄回

書號：3NGE0001
臺灣惡地誌：
見證臺灣造山運動與四百年淺山文明生態史

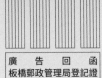